▶白い紙と鏡での見え方の違い
本文4P（第1章：光線としての光（1）
基礎：図1-4）参照

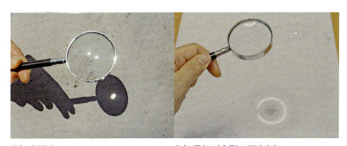

(a) 太陽光　　　　　　　　(b) 電灯（丸形の蛍光灯）

▲虫めがねによる太陽光の集光と電灯の結像
本文17P（第2章：光線としての光（2）　プリズムとレンズ：図2-3）参照

▲水滴もレンズ
本文19P（第2章：光線としての光（2）　プリズムとレンズ：図2-5）参照

▲タンクローリーの凸面鏡
本文26P（第2章：光線としての光（2）　プリズムとレンズ：図2-13）参照

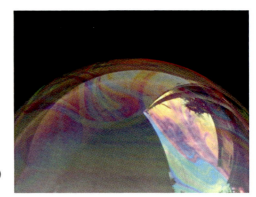

▶ シャボン玉
本文51P（第4章：波としての光（1）
基礎：図4-1）参照

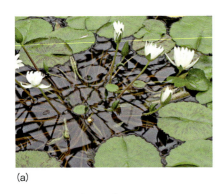
(a)

(b)

▲ 水面からの反射光の様子
本文98P（第7章：波としての光（4） 偏光：図7-1）参照

▶ 雲間から漏れる太陽光
本文113P（第8章：自然界の光（1）
屈折，分散など：図8-1）参照

▶つぶれた太陽
写真提供：田所利康氏
本文115P（第8章：自然界の光（1） 屈折，分散など：図8-3）参照

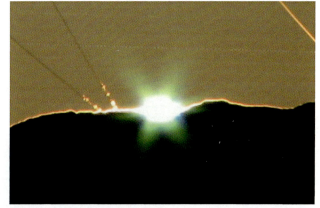

▶グリーンフラッシュ
写真提供：武田康男氏，撮影地：南極
本文117P（第8章：自然界の光（1） 屈折，分散など：図8-6）参照

▲蜃気楼の発生（左：蜃気楼が発生した風景，右：通常の風景）
写真提供：長谷川能三氏（大阪市立科学館），撮影地：富山県魚津市
本文118P（第8章：自然界の光（1） 屈折，分散など：図8-7）参照

◀水中から外界を見上げたようす
本文120P（第8章：自然界の光
(1) 屈折，分散など：図8-11)
参照

▶海の中から水面を見上げたようす
写真提供：吉田浩二氏
本文120P（第8章：自然界の光
(1) 屈折，分散など：図8-12)
参照

◀虹
本文122P（第8章：自然界の光
(1) 屈折，分散など：図8-14)
参照

▶モルフォ蝶
本文125P（第8章：自然界の光（1）
屈折，分散など：図8-17）参照

◀雲間から放射状に広がる薄明光線
本文127P（第9章：自然界の光（2） 散乱：図9-1）参照

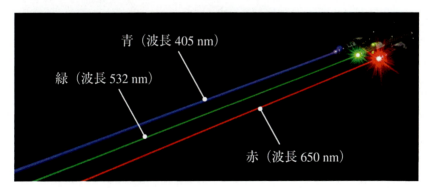

▲レーザーポインターを使った薄明光線の再現
本文127P（第9章：自然界の光（2） 散乱：図9-2）参照

▶シリカ微粒子を使って再現した レイリー散乱とミー散乱
協力：富士化学㈱
本文135P（第9章：自然界の光（2） 散乱：図9-10）参照

◀レイリー散乱によって作られる青い空とミー散乱によって作られる白い雲
本文137P（第9章：自然界の光（2） 散乱：図9-12）参照

▲高尾山から望む新宿副都心（距離約40 km）と東京スカイツリー（距離約50 km）
本文138P（第9章：自然界の光（2） 散乱：図9-13）参照

▶ 駿河湾対岸に沈む夕日と空を染める夕焼け
本文138P（第9章：自然界の光（2） 散乱：図9-14）参照

◀ レイリー散乱の偏光
協力：富士化学㈱
本文139P（第9章：自然界の光（2） 散乱：図9-15）参照

(a) 平行ニコル配置

偏光フィルムの透過軸方位

(b) 直交ニコル配置

偏光フィルムの透過軸方位

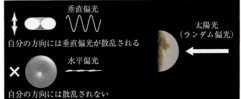

▲ 半月方向の青空の偏光
本文142P（第9章：自然界の光（2） 散乱 コーヒーブレイク）参照

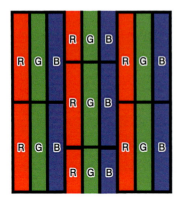

◀ **カラーテレビの管面の拡大図**
本文148P（第10章：目のしくみと色の見え方：図10-5）参照

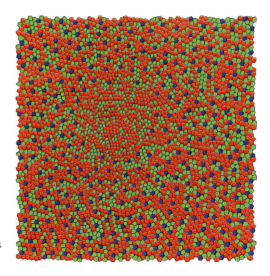

▶ **錐体モザイク**
本文157P（第10章：目のしくみと色の見え方：図10-11）参照

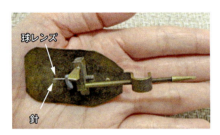

(a) レプリカ（日本顕微鏡工業会提供）

◀ **レーウェンフックの顕微鏡**
本文197P（第13章：光学機器（3） 顕微鏡：図13-9）参照

発刊にあたって

　光はつねに私たちの身の回りにあって，とても身近で大切な存在です。しかし，「光とは何か？」という質問に答えるのは容易ではありません。光には多様な側面があり，また奥深い性質を持っているからです。そもそも，光があるからこそ私たちは物を見ることができるわけですし，夕やけや虹やイルミネーションなどの光は，私たちに感動を与えてくれます。また，カメラやテレビをはじめ，医療や自動車などにも用いられる光学機器は，今や私たちの生活に不可欠となっています。

　これらの光に関する技術を生活に役立てるために，また光に関する探究心から，光の勉強を始められる方も多いことと思います。しかし，その道のりは平坦ではありません。多様な側面がありすぎるため，全体像がつかみづらいこともありますし，光の性質を表すために数式が多く用いられ，途中で挫折するケースもあるように思います。本書は，これから光の勉強を始められる方々を対象に，なるべく式を使うことなく，まず光の全体像を理解し，光学に対する興味関心を高めて頂くために企画したものです。本書を読んで概要を理解してから，一般的な入門書を読めば，よりスムースにこの世界に入って頂けるものと考えています。

　本書は全体を19の章で構成し，各章をその領域を専門とする執筆者が担当する形の共著となっています。その一方で，全体的な統一感を高めるために，編集委員会で構成を吟味し，内容の過不足がないように，また各章がうまく補完できるように工夫してあります。さらに，OSA（アメリカ光学会）の光学実験キット（OPTICS DISCOVERY KIT，巻末参照）を併用することで，より理解を深めることができます。

　全体構成は図のようになっています。第1〜7章と第19章が基礎編となっており，それ以外の章がトピックス編となっています。基礎編では，最初が「光線としての光」，次が「波としての光」，そして最後の19章「光学の構成」では，これらを含めた光学のいろいろな領域が，互いにどのように関連しているかを説明しています。「光線としての光」はいわゆる幾何光学，「波としての光」が

いわゆる波動光学とよばれている領域に相当します。トピックス編は，「自然界の光」，「目のしくみと色の見え方」，「光学機器」，「光源」の4つのジャンルに分かれています。このうち「光源」については一部基礎的な内容も含まれています。

　基礎編については，順番に読んで頂くと理解がしやすい構成になっていますが，トピックス編の部分は必ずしも基礎編全体の理解を前提にしてはいないので，トピックス編から読み始めて，必要に応じて基礎編に戻るという読み方も十分可能です。またトピックス編は章ごとに完結した内容になっていますので，どの章からでも読むことができます。

　ここで，本書の企画経緯について少し触れておきたいと思います。本書を手がけたオプトロニクス社は「光学のすすめ」という本を1997年に発刊しております。「光学のすすめ」は，元慶應義塾大学教授の渡辺彰先生が発起人となり，多くの賛同者を得て共同で執筆された本です。「見て，触って，考える」をコンセプトに，初心者でもわかりやすい光学の本をめざし，発売当初から長い間好評を頂いておりました。この本を時代に沿った形で改訂をしてほしいという要望も出ておりましたが，出版してから約20年もの年月が経っているため同じ執筆陣で検討を行うことは難しい状況でした。そこで，「初心者にもわかりやすく」というコンセプトは踏襲しながら，執筆者を大きく入れ替え，ほぼ全面的にリニューアルして制作したのが本書となります。身近な現象についての例をさらに追加してより分かりやすく工夫し，技術トピックスも，めがねや半導体レーザー・LEDなどの新たな内容を追加しました。

　本書を出版するにあたり，多くの方々のご支援を頂きました。写真や資料の提供につきましても，「光学のすすめ」時代からお世話になっている武田康男氏をはじめ，数多くの方々のご協力を頂きました。心よりお礼を申し上げます。最後になりましたが，本書の前身ともいえる「光学のすすめ」の出版にご尽力された渡辺彰先生，横田英嗣先生におかれましては，その後残念ながらお亡くなりになられました。改めてお二人のご冥福をお祈りしたいと思います。

　本書が，光学の勉強を始められる方々に少しでもお役に立てれば幸いです。

著者および編集委員一同

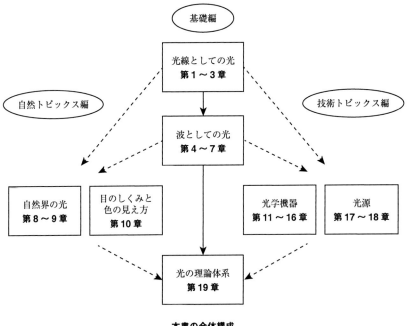

本書の全体構成

著者および編集委員紹介

(50音順)

内川　惠二（うちかわ けいじ）《10章執筆》
東京工業大学名誉教授，神奈川大学マルチモーダル研究所研究員，工学博士

1950年生まれ。1980年東京工業大学大学院総合理工学研究科博士課程終了。カナダヨーク大学博士研究員，東京工業大学助手，助教授を経て1993年より教授。2016年3月定年退職。視覚情報処理，色覚学，色彩工学，心理物理学が専門。色の恒常性と色覚メカニズム，カテゴリカル色知覚，質感知覚メカニズム，色覚の個人差，視覚的注意の情報選択性などの研究に従事。日本視覚学会，日本光学会，映像情報メディア学会，日本感性工学会，Vision Sciences Society, Optical society of America, International Color Vision Societyなどで活動。平成10年度照明学会論文賞，2006年度日本視覚学会論文賞，2012年日本印刷学会論文賞などを受賞。

金指　康雄（かなざし やすお）《14章執筆》
チームオプト㈱光学技術コンサルタント，コプトン光学設計代表

1967年生まれ。東海大学大学院工学研究科光工学専攻修士修了。㈱東芝およびペンタックス㈱に勤務経験。㈱東芝 生産技術研究所では主に光学技術を用いた非接触微細計測技術の研究に従事，ペンタックス㈱ではデジタル一眼レフ，コンパクトデジタルカメラなどのレンズ設計に従事。2014年光学設計事務所（コプトン光学設計）を設立。趣味はレンズ設計，プログラミング，サイクリング，写真撮影。

黒田　和男（くろだ かずお）《19章執筆》
一般社団法人日本光学会初代会長，東京大学名誉教授，宇都宮大学特任教授，工学博士

1947年生まれ。東京大学大学院工学系研究科物理工学専攻修了。東京大学生産技術研究所助手，助教授を経て93年教授。2012年より，宇都宮大学特任教授。気体レーザーのダイナミックス，金属蒸気レーザー，フォトリフラクティブ材料とその応用，フェムト秒パルス波長変換，ホログラフィー，レーザーディスプレイなどの研究に従事。著書「非線形光学」（コロナ社）．「物理光学」（朝倉書店）。応用物理学会，SPIE，OSAフェロー。

志村　努（しむら つとむ）《7章執筆》
チームオプト㈱光学技術コンサルタント，東京大学教授，工学博士

1959年生まれ。東京大学大学院工学系研究科物理工学専攻修了。(公社)応用物理学会フェロー，(一社)日本光学会理事。金属蒸気レーザーによる画像増幅，フォトリフラクティブ効果，位相共役光学，ホログラフィックメモリー，スピン波光学，プラズモン応用光学などを研究。応用物理学会代議員，「光学」編集委員長，International Workshop on Holography実行委員長，同プログラム委員長等を歴任。月刊誌「アサヒカメラ」にて「ニューフェース診断室」（共著）を連載中。趣味はオーケストラおよびブラスアンサンブルでのトロンボーン演奏，音楽鑑賞。

霜田　光一（しもだ こういち）《17章執筆》
日本学士院会員，東京大学名誉教授，日本物理教育学会名誉会長，理学博士
1920年生まれ。1943年東京大学理学部物理学科卒業。東京大学理学部助教授を経て61年より教授。81～92年慶応義塾大学理工学部教授。マイクロ波，メーザー・レーザーの開発と理論，原子時計，レーザー分光学，レーザー物理，非線形光学効果，物理教育などを研究。米国光学会第9回 C.E.K. Mees 賞，第70回日本学士院賞，勲二等瑞宝章などを受賞。

竹内　修一（たけうち しゅういち）《12章執筆》
チームオプト㈱光学技術コンサルタント，竹内光学設計事務所代表
1970年生まれ。東北大学工学研究科応用物理学専攻修士修了。兄の影響で始めた天体観察をきっかけに光学系に興味を持ち，旭光学工業㈱（のちにペンタックス㈱，さらに HOYA㈱ に社名変更）に入社。光学設計・光学技術開発に携わり，光学設計室長などを務めた後，2011年に独立して現事務所を設立。趣味は試作品・製品の評価も兼ねた天体写真撮影。

田所　利康（たどころ としやす）《9章執筆》
㈲テクノ・シナジー代表取締役，博士（工学）
1957年生まれ。立教大学理学部物理学科卒。日本分光㈱他を経て2004年より現職。分光エリプソメトリー，近接場光学顕微鏡，顕微分光などの分光計測システム，スペクトル解析アプリケーションなどを手がける。主な著書は，「光学入門」，朝倉書店（2008），「イラストレイテッド光の科学」，朝倉書店（2014），「イラストレイテッド光の実験」，朝倉書店（2016）。趣味は，ジャズ，酒，ビリヤード。

槌田　博文（つちだ ひろふみ）《編集委員，1～3，8，13，15章執筆》
チームオプト㈱代表取締役社長，博士（工学）
1958年生まれ。大阪大学工学研究科応用物理学専攻修士修了。カメラが好きで，オリンパス光学工業㈱（現オリンパス㈱）に入社し，レンズ設計および光学技術開発に従事，研究開発センター光学技術部長として光学技術開発をマネジメント。2015年光学技術コンサルタント会社のチームオプト㈱を設立。日本光学会光設計研究グループ光設計特別賞，文部科学大臣表彰科学技術賞（理解増進部門）受賞。趣味は，ネイチャーフォト，スキューバダイビング，釣り。

波多腰　玄一（はたこし げんいち）《18章執筆》
早稲田大学非常勤講師，ISO/TC172/SC9国内対策部会委員長，応用物理学会フェロー，工学博士
1949年生まれ。東京大学大学院博士課程修了。㈱東芝・研究開発センター，東芝リサーチ・コンサルティング㈱にて光デバイス，光半導体デバイスの研究開発に従事。2014年定年退職。志音会オーケストラ所属（ヴァイオリン）。応用物理学会光学論文賞，大河内記念技術賞，文部科学大臣表彰科学技術賞（開発部門），日本学術振興会・光電相互変換第125委員会功労賞など受賞。

春本　祐子（はるもと ゆうこ）《編集委員》
チームオプト㈱光学技術コンサルタント，（一社）日本オプトメカトロニクス協会 人材育成委員
1986年東京農工大学工学部応用物理学科卒．㈱トプコンに約30年勤務．光学設計及び光学設計支援ソフト・光学図面自動作成ソフト開発に従事，新人技術者教育講師等を担当後，研究・技術企画グループで新技術動向調査他，技術展や講演会を企画運営．趣味は，旅行（主に欧州・豪州），コーラス（中世・ゴシック），博物館・美術館巡り（学芸員資格あり）．幼稚園の頃，ガラスの指輪に反射する光が虹色に見えることに興味を持つ．現在は古生物学，眼などの器官発生・進化等にも興味あり．

丸山　晃一（まるやま こういち）《11，16章執筆》
チームオプト㈱光学技術コンサルタント，丸山光学研究所
1956年生まれ．1981年早稲田大学大学院理工学研究科物理学及び応用物理学専攻博士課程前期修了．たくさんの人に自分が設計した物を使っていただく事を目指して旭光学工業㈱（PENTAX）に入社．一眼レフカメラ用交換レンズの設計，光学設計ソフトウエアの開発，光ディスク用レンズの設計および光学技術開発に従事．主な製品F2.8 300 mm ED（IF），DVD/CD互換回折屈折ハイブリッド対物レンズ．R&Dセンター光学研究部長．HOYA㈱光学研究所長として光学技術開発をマネジメント．2015年丸山光学研究所としてコンサルタント業を開始すると同時にチームオプト㈱光学技術コンサルタント．

宮前　博（みやまえ ひろし）《編集委員，4～6章執筆》
チームオプト㈱光学技術コンサルタント
1955年生まれ．東京大学理学部物理学科卒．小西六写真工業㈱（現コニカミノルタ㈱）に入社し，光学系最適化ソフト開発，レーザプリンタ用光学系，工業用・カムコーダ用のズームレンズ開発，回折光学素子の研究などに従事．オプティカルユニット事業部長として，カムコーダ・スチルカメラ・携帯用レンズの外販事業全般を統括．先端光技術開発リーダーとして新規事業にも関わる．2016年10月からチームオプト㈱に参画．（一社）日本光学会理事．趣味は合唱（テナー）で，ラッスス，バッハ，シューベルト，武満徹と雑食系．

光の教科書
もくじ

第1章　光線としての光（1）　基礎
槌田 博文

1 はじめに ……………………………………………………………………… 1
2 光線とは ……………………………………………………………………… 1
3 見える光と見えない光 ……………………………………………………… 2
4 乱反射と正反射 ……………………………………………………………… 4
5 光の直進，反射，屈折 ……………………………………………………… 6
6 全反射 ………………………………………………………………………… 8
7 実際の境界面での反射と屈折 ……………………………………………… 10
8 鏡でのものの見え方，光の可逆性 ………………………………………… 11
9 光の波長と屈折率 …………………………………………………………… 12
　　　　　　coffee break　1-❶　マジックミラー ……………………………… 14

第2章　光線としての光（2）　プリズムとレンズ
槌田 博文

1 光の進み方のコントロール ………………………………………………… 15
2 プリズムのはたらき ………………………………………………………… 15
3 レンズのはたらき …………………………………………………………… 17
　　　　　　やってみよう！実験　2-❶ …………………………………………… 18
4 結像のしくみ ………………………………………………………………… 19
5 凸レンズと凹レンズ ………………………………………………………… 22
6 焦点距離 ……………………………………………………………………… 23
　　　　　　やってみよう！実験　2-❷ …………………………………………… 25
7 凹面鏡と凸面鏡 ……………………………………………………………… 25
　　　　　　やってみよう！実験　2-❸ …………………………………………… 27
　　　　　　coffee break　2-❶　GRINレンズ ……………………………………… 28

第3章　光線としての光（3）　レンズによる結像

槌田 博文

1　作図による結像の求め方 …………………………………………………… 29
2　公式による結像の求め方 …………………………………………………… 31
　　　　やってみよう！実験　3-❶ ………………………………………… 33
　　　　もっと知りたい！　3-❶ …………………………………………… 34
3　結像の実際 …………………………………………………………………… 35
4　ルーペ（虫めがね） ………………………………………………………… 37
　　　　やってみよう！実験　3-❷ ………………………………………… 39
5　光学機器のレンズ系 ………………………………………………………… 40
　　　　やってみよう！実験　3-❸ ………………………………………… 43
6　レンズの理想結像 …………………………………………………………… 43
7　レンズの収差と収差補正 …………………………………………………… 45
8　レンズの絞りと像の明るさ ………………………………………………… 48

第4章　波としての光（1）　基礎

宮前 博

1　はじめに ……………………………………………………………………… 51
2　いろいろな波 ………………………………………………………………… 53
3　電磁波の発生 ………………………………………………………………… 55
4　波長・周期（周波数）・位相速度 ………………………………………… 56
5　光速度の測定 ………………………………………………………………… 57
6　光の波長と周波数 …………………………………………………………… 58
7　光の分散 ……………………………………………………………………… 59
8　光の伝搬とホイヘンスの原理 ……………………………………………… 60
　　　　coffee break　4-❶ …………………………………………………… 63

第5章　波としての光（2）　干渉

宮前 博

1　干渉と重ね合わせの原理 …………………………………………………… 64
2　干渉のしやすさ ……………………………………………………………… 65

3	ヤングの干渉実験	66
4	薄膜の反射光の干渉	70
5	反射防止膜	72
6	ニュートンリング	74
7	干渉計	76
8	定在波	78
	coffee break　5-❶	80

第6章　波としての光（3）　回折

宮前 博

1	開口による光の回折	81
2	レンズの分解能	85
3	回折格子	88
	やってみよう！実験　6-❶	91
4	回折の応用	91
	もっと知りたい！　6-❶　−近接場光−	93

第7章　波としての光（4）　偏光

志村 努

1	身近な偏光の例	97
2	直線偏光	98
	2.1　x方向の直線偏光	99
	2.2　一般の直線偏光	100
	2.3　自然光	101
3	偏光子	101
	3.1　紐とすき間モデルによる偏光子の説明	101
	3.2　焼き網モデル	102
	3.3　直線偏光の透過率	103
	3.4　自然光を偏光子に通すと	104
	やってみよう！実験　7-❶　クロスニコルの実験	105
4	平面での反射と偏光	106

		4.1	水面での光の反射 ……………………………………	106
		4.2	ブリュースター角 ……………………………………	108
	5	円偏光，楕円偏光 …………………………………………		109
		5.1	円偏光 ………………………………………………	109
		5.2	楕円偏光 ……………………………………………	111

第8章　自然界の光（1）　屈折，分散など

槌田 博文

	1	自然界にあふれるさまざまな光 …………………………………	112
	2	薄明光線 ………………………………………………………	112
	3	つぶれた太陽 …………………………………………………	115
	4	グリーンフラッシュ …………………………………………	116
	5	蜃気楼 …………………………………………………………	117
	6	魚から見た外界 ………………………………………………	119
	7	虹 ………………………………………………………………	122
	8	構造色 …………………………………………………………	124

第9章　自然界の光（2）　散乱

田所 利康

	1	はじめに ………………………………………………………		126
	2	自然界に見られる散乱 ………………………………………		126
	3	散乱の正体を探る ……………………………………………		127
		3.1	電子が光の電場に応答する ………………………	128
		3.2	振動する電子は電磁波を放出する ………………	129
		3.3	散乱光の放射強度パターン ………………………	129
	4	サイズと密度で変わる散乱のようす ………………………		130
		4.1	レイリー散乱 ………………………………………	130
		4.2	ミー散乱 ……………………………………………	131
		4.3	希薄な大気での散乱 ………………………………	133
		4.4	標準大気での散乱 …………………………………	133
	5	空の青，雲の白，夕日の赤 …………………………………		135

		5.1 シリカ微粒子を使った空の色の再現	135
		5.2 散乱で決まる空の色	136
6	青空の偏光		139
		6.1 レイリー散乱の偏光方向	139
		6.2 見る方向で変わる青空の偏光	140
7	おわりに		141
		coffee break 9-❶ 青空の偏光を観察しよう	142

第10章　目のしくみと色の見え方

内川 惠二

1	目の仕組み	143
2	光に色はない	144
3	目の中にある3種類の錐体が色を決める	145
	coffee break 10-❶ 色は科学者を引きつける	148
4	3つの色ですべての色ができる	148
5	色の見えは不思議	151
6	目と色のさらなる不思議	154
7	おわりに	157

第11章　光学機器（1）めがね

丸山 晃一

1	はじめに		158
2	人間の眼の機能		158
		2.1 眼球の構造	158
		2.2 人間の眼とカメラの違い	159
		2.3 ピント合わせ	160
3	屈折異常と老視		161
		3.1 屈折度数　ディオプター	161
		3.2 近視，遠視	162
4	めがねによる矯正		164
		4.1 近視，遠視の矯正	164

4.2	乱視の矯正 …………………………………………………………………	166
4.3	老視の矯正 …………………………………………………………………	166
	coffee break　11-❶　日本人と近眼 ……………………………………	169
	coffee break　11-❷　水晶体の老化 ……………………………………	169

第12章　光学機器（2）　望遠鏡

竹内 修一

1	望遠鏡の構成 ……………………………………………………………………	170
2	望遠鏡の仕様 ……………………………………………………………………	173
3	望遠鏡の設計 ……………………………………………………………………	177
	3.1　屈折望遠鏡 ………………………………………………………………	177
	3.2　反射望遠鏡・反射屈折望遠鏡 ………………………………………………	178
	3.3　接眼レンズ ………………………………………………………………	179
4	像の反転系 ………………………………………………………………………	180
	4.1　プリズム式 ………………………………………………………………	180
	4.2　リレーレンズ式 ……………………………………………………………	182
	やってみよう！実験　12-❶ ………………………………………………	183
	coffee break　12-❶　二次曲面と反射望遠鏡の設計 …………	183

第13章　光学機器（3）　顕微鏡

槌田 博文

1	はじめに …………………………………………………………………………	185
2	顕微鏡の拡大原理 ………………………………………………………………	186
3	顕微鏡の構造 ……………………………………………………………………	188
4	顕微鏡光学系の実際 ……………………………………………………………	189
	4.1　顕微鏡の分解能 …………………………………………………………	189
	4.2　対物レンズ ………………………………………………………………	191
	4.3　接眼レンズ ………………………………………………………………	192
	4.4　照明用光学系 ……………………………………………………………	192
	4.5　モニター観察 ……………………………………………………………	193
	4.6　双眼実体顕微鏡 …………………………………………………………	194

　　　　やってみよう！実験　13-❶ ················· 196
　　　　coffee break　13-❶　レーウェンフックの顕微鏡 ········· 197
　　　　coffee break　13-❷　生体試料には透明のものが多い ······· 198

第14章　光学機器（4）　カメラ

　　　　　　　　　　　　　　　　　　　　　　　　　　金指 康雄

1　カメラ以前 ··· 199
2　カメラの原理 ··· 200
3　レンズの働き ··· 202
4　さまざまなカメラのタイプ ································· 206
　　4.1　コンパクトカメラ ··································· 206
　　4.2　一眼レフ ··· 206
　　4.3　ミラーレスカメラ ··································· 208
　　4.4　スマートホン用カメラ ······························· 209
5　各種カメラレンズ ··· 209
　　　　やってみよう！実験　14-❶ ················· 213
　　　　coffee break　14-❶ ······················ 214
　　　　coffee break　14-❷ ······················ 215

第15章　光学機器（5）　内視鏡

　　　　　　　　　　　　　　　　　　　　　　　　　　槌田 博文

1　はじめに ··· 216
2　内視鏡とは ··· 216
　　2.1　内視鏡の種類 ······································· 216
　　2.2　医療用内視鏡 ······································· 217
　　2.3　工業用内視鏡 ······································· 218
3　内視鏡の歴史 ··· 219
　　3.1　胃カメラ以前 ······································· 219
　　3.2　胃カメラの登場とその後 ····························· 220
4　内視鏡の光学系 ··· 222
　　4.1　内視鏡光学系の基本構成 ····························· 222

4.2 ビデオスコープ（電子撮像方式）の光学系 ……………… 223
4.3 ファイバースコープ（光ファイバー方式）の光学系 ……… 225
4.4 硬性鏡（リレーレンズ方式）の光学系 …………………… 227
4.5 カプセル内視鏡の光学系 …………………………………… 228
　　　やってみよう！実験　15-❶　光ファイバーの実験 ……… 229
　　　coffee break　15-❶　災害時に活躍する内視鏡 ………… 230

第16章　光学機器（6）　光ディスク，レーザープリンター

丸山 晃一

1　光ディスクシステム ……………………………………………… 231
　1.1　光ディスクシステムの特徴 ………………………………… 231
　1.2　主な光ディスクシステム …………………………………… 232
　1.3　光記録の基本 ………………………………………………… 234
　　　1.3.1　光ディスクの基本構造　CD …………………………… 234
　　　1.3.2　光ディスクの再生光学系 …………………………… 235
　1.4　光ピックアップの光学技術 ………………………………… 236
　　　1.4.1　透明基板の厚さ ……………………………………… 236
　　　1.4.2　回折限界の集光 ……………………………………… 237
　　　1.4.3　半導体レーザー ……………………………………… 237
　　　1.4.4　ピットでの反射 ……………………………………… 238
　　　1.4.5　トラッキングコントロール ………………………… 239
　　　1.4.6　フォーカスコントロール …………………………… 240
　　　1.4.7　非球面樹脂対物レンズ ……………………………… 241
　　　1.4.8　多種類ディスク対応　回折互換レンズ …………… 242
2　レーザープリンター ……………………………………………… 243
　2.1　レーザープリンターの光学系 ……………………………… 244
　2.2　レーザープリンターの光学技術 …………………………… 245
　　　2.2.1　回折限界 ……………………………………………… 245
　　　2.2.2　fθレンズ …………………………………………… 245
　　　2.2.3　面倒れ補正光学系 …………………………………… 246
　　　やってみよう！実験　16-❶
　　　　　　CD, DVD, BDの反射光と回折について ………… 248

第17章　光源（1）　レーザーの原理

霜田 光一

1	レーザーとは ……………………………………………………	250
2	光の吸収と放出 …………………………………………………	251
	2.1　ボーアの周波数条件 ………………………………………	251
	2.2　アインシュタインのA係数とB係数 ……………………	253
	もっと知りたい！　17-❶　自然放出係数と誘導放出係数 ……	254
3	熱放射 ……………………………………………………………	254
	もっと知りたい！　17-❷　放電管の線スペクトル …………	256
4	光の増幅 …………………………………………………………	256
	もっと知りたい！　17-❸　誘導放出断面積 …………………	258
5	レーザーの発振条件 ……………………………………………	259
6	反転分布をつくる方法 …………………………………………	260
7	レーザー光の特徴 ………………………………………………	262
	7.1　指向性 ………………………………………………………	262
	7.2　単色性 ………………………………………………………	263
	7.3　エネルギー密度 ……………………………………………	264

第18章　光源（2）　半導体レーザーとLED

波多腰 玄一

1	はじめに …………………………………………………………	266
2	半導体の発光の仕組み …………………………………………	266
	2.1　電子のエネルギーと光のエネルギー ……………………	266
	2.2　pn接合 ………………………………………………………	268
	2.3　2重ヘテロ構造 ……………………………………………	270
	2.4　自然放出と誘導放出 ………………………………………	272
	2.5　共振器 ………………………………………………………	273
3	LEDの構造と特性 ………………………………………………	274
	3.1　LEDの構造と材料 …………………………………………	274
	3.2　LEDの特性例 ………………………………………………	275
	3.3　LEDの応用例 ………………………………………………	277
4	半導体レーザーの構造と特性 …………………………………	278

	4.1 半導体レーザーの構造と材料	278
	4.2 しきい値	279
	4.3 半導体レーザーの応用例	280
5	LEDとLDのパッケージ	281
	5.1 LEDパッケージ	281
	5.2 LDパッケージ	282
	やってみよう！実験 18-❶	
	バンドギャップを見積もってみよう	283
	coffee break 18-❶ アノードとカソード	284

第19章　光の理論体系

黒田 和男

1	電磁光学と波動光学	285
2	スカラー波とベクトル波	286
3	波動光学と幾何光学	286
	3.1 光路長と波面	286
	3.2 波動光学から幾何光学へ	288
4	光線追跡とフェルマーの原理	289
5	測光学	289
6	ニアフィールドとファーフィールド	291
7	非線形光学	291
8	量子光学	292
9	ガリレオとアインシュタインの相対性原理	293
10	ボース粒子とフェルミ粒子	294

一般的な参考文献 … 295

索引 … 297

第1章

光線としての光（1）　基礎

1　はじめに

　皆さん，光の世界へようこそ。これから，暮らしに不可欠で見慣れているはずなのに，ときに美しく不思議な光の世界に入っていくことになります。最初に，少し考えてみて下さい。雨上がりの空にかかる虹の正体は何なのでしょうか。夕日はなぜ赤いのでしょうか。望遠鏡で遠くの景色が大きく見えるのはなぜなのでしょうか。鏡に自分の顔が映るのはなぜなのでしょうか。これらはどれも身近なものですが，それらを説明するのは難しそうです。そもそも光とは何なのでしょう。物が見えるとはどういうことなのでしょうか。

　光は電磁波の一種といわれますが，さまざまな側面を持っています。光には大きく分けて，「光線としての光」，「波としての光」，「粒子としての光」の3つの性質があります。本書では，光線および波としての光を中心に，少しずつその性質をひも解き，先の質問の答えも探っていきたいと思います。まず，本章から第3章まで，感覚的にわかりやすい「光線としての光」の説明から入っていくことにしましょう。

2　光線とは

　光のふるまいを表すために，**光線**という考え方を取り入れるのは代表的な方法として知られています。光とは，本来電磁波という波の一種です。しかし，線として直線的にまっすぐ進むと考えることで説明ができる事象も多くあります。**図1-1 (a)** は，壁の穴を太陽の光が通っ

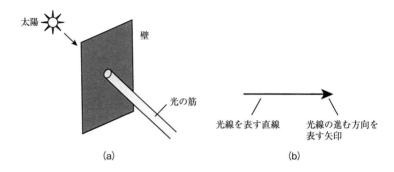

図1-1　光線のイメージと光線の表し方

ているようすを表しています。壁の穴が大きいと，太い光の筋が進んでいきますが，穴をだんだん小さくしていくと，光の筋の太さも細くなっていきます。穴の大きさを十分小さくしたときのまっすぐに進む光の筋，これが光線のイメージです。

　実際には穴を小さくし過ぎると通過した光の筋は線にはならず，逆に拡がってしまうので，光線は実在するものではなく，あくまで仮想的なものです。しかし，そのような光線という概念を取り入れると，多くの現象をわかりやすく説明することができ便利なのです。光線は，**図1-1 (b)** のように直線と矢印で表すことができます。直線が光線を表し，矢印が光線の進む方向を表します。このような光線で考えることのできる光学の領域を**幾何光学**とよんでいます。

3　見える光と見えない光

　さて次に，身の回りにある光について，思い浮かべてみて下さい。太陽の光，電球の光，レーザー光，物から反射してくる光，色がついて見えるものとそうでないもの，ぎらぎらと明るい光ややわらかな光など色々あると思います。私たちが物を見ることができるのは，光があるからです。つまり，光が目に入ってきてはじめて光があると認識することができます。目に入る光は，大きく2つに分けることができ

ます。一つめは，自ら光るものから出てくる光で，自ら光るものを**光源**といいます（**図1-2 (a)**）。二つめは，光源から出た光が，物にあたってからはね返ってくる光です（**図1-2 (b)**）。

　光源からの光には，太陽光，LED光，蛍光灯の光，レーザー光などがあり，水辺で舞う蛍の光も自ら光を出しているのでこれにあたります。一方，私たちが目にする景色の多くは，物にあたってはね返ってくる光です。身の周りにあるものの多くは，自らは光っていないけれども，光源からの光を受けており，はね返ってきた光が目に入ってきて見えているわけです。はね返ってきた光には，正反射，乱反射，回折光，散乱光などさまざまなものがあります（これらについては後で順次説明することにします。）。このように，光を直接見る場合もはね返ってきた光を見る場合も，光が目に入ってきてはじめて見ることができます。

　では，私たちの目の前を光が横切った場合，それを見ることができるでしょうか。**図1-3 (a)** のように目の前を光が横切っただけでは，その光を見ることはできません。**図1-3 (b)** のように何らかの物体があり，そこで反射や散乱された光の一部が目に入って初めて，光が通っているのを見ることができます。太陽光やレーザー光などの軌跡が見えるのは，そこに霧や煙など何らかの物体がある場合なのです。窓から差し込んだ太陽の光が，室内のほこりにあたって見える経験をしたことはないでしょうか。もし，ほこりがなかったら，すぐ目の前を光

図1-2　目に見える光

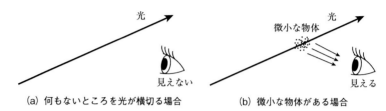

(a) 何もないところを光が横切る場合　　(b) 微小な物体がある場合

図1-3　光線自体は見えない

が横切っていたとしても我々はそれに気づくことはありません。

4　乱反射と正反射

　図1-4は、机の上に白い紙と鏡を並べ、それぞれに太陽の光があたっている状態の写真です。左の紙はただ白く見えるだけですが、鏡の方には近くの景色が反射して映っています。物に同じように光があたっているにもかかわらず、このように見え方が変わるのはなぜなのでしょうか。それは、物体の面の粗さによって、光のふるまいが変わるからなのです。

　図1-5 (a) は、粗い面に光線があたった場合に起こる**乱反射**という現象をイメージとして示しています。紙に光があたった場合がこれに相当します。このとき、光は**拡散光**となって拡がっています。乱反射の場合は拡散光が四方八方に拡がっているため、どの方向からもその光をとらえることができます。白い紙がどこから見ても白く見えるのはそのためです。**図1-4**の白い

図1-4　白い紙と鏡での見え方の違い(口絵参照)

紙に太陽光があたった状況では，**図1-6 (a)** に示すように，乱反射した拡散光の一部が目に入っているわけです。

一方，**図1-5 (b)** は，平滑な面に光線があたった場合に起こる**正反射**という現象を示しています。このとき，光は拡散せずある一方向のみに反射しています。鏡にあたった場合がそれに相当します。太陽光が鏡にあたった場合，**図1-6 (b)** のように太陽光は上方から鏡にあたって反射してまた上方に戻っているので手前側（見ている人）からでは見ることができません。そのかわり，鏡の向こう側の景色（葉っぱ）から来た光が，鏡で反射して目の方に向かって来ているため，鏡の中にはその景色（葉っぱ）が見えるわけです。

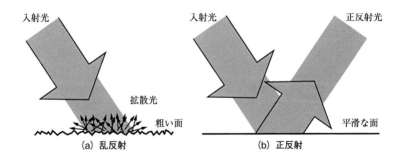

図1-5　乱反射と正反射

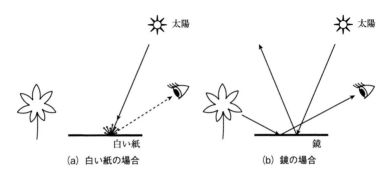

図1-6　白い紙と鏡での光線の進むようす

先に述べたように正反射が起きるためには，面が平滑である必要があります。鏡やガラスの表面も，電子顕微鏡で見るような拡大したスケールで見ると，実際にはでこぼこしています。しかし，その粗さが光の波長よりも十分小さければ，光にとっては平滑な面と認識されて正反射が起き，後で述べる屈折という現象も起きるのです。

5 光の直進，反射，屈折

　光の進み方には，重要な3つの原理，直進と反射と屈折があります。これらの原理について，順番に説明します。光は何かにぶつからない限りまっすぐに進みます。厳密に言えば，均質な媒質中において光は直進します。このような性質を光の**直進性**といいます。ここで**媒質**とは，空気や水，ガラスなどのように，光を通すもののことです。

　また，光は鏡などにあたると**反射**します。**図1-7**は，鏡に光があたって反射するようすを示しています。入射光が鏡にあたった点から，鏡の面と垂直方向に法線を描き，入射光線とこの法線を含む面を**入射面**といいます。光線は，この入射面から外れることなく反射します。入射光と法線のなす角を**入射角**，反射光と法線のなす角を**反射角**といい，

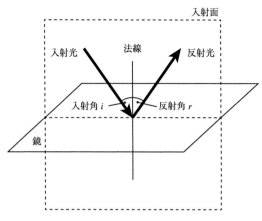

図1-7　光の反射

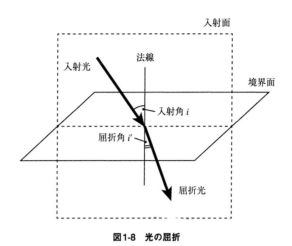

図1-8 光の屈折

それぞれ i および r とすると，以下の式が成り立ちます。これを**反射の法則**といい，入射角と反射角は等しくなります。

$$i = r \tag{1-1}$$

鏡に光が入射した場合，入射した光の大半が反射します。鏡の反射面は，銀やアルミニウムでできていることが多く，反射率は通常90％程度です。

　一方，空気とガラスの境界面や，空気と水の境界面などのように，媒質の種類が異なる面の境界では，大部分の光は**屈折**して進みます。**図1-8**は，光が異なる媒質の境界面で屈折するようすを示しています。入射光が境界面にあたった点から，境界面と垂直方向に法線が描かれています。入射光線とこの法線を含む面が入射面です。屈折光線はこの入射面から外れることなく屈折します。入射光と法線のなす角が入射角で，屈折光と法線のなす角を**屈折角**といい，それぞれ i および i' とすると，以下の式（1-2）が成り立ちます。これを**屈折の法則**といいます。または，この法則を提唱したスネルにちなんで，**スネルの法則**とよぶこともあります。

$$n \sin i = n' \sin i' \tag{1-2}$$

n は入射光側の媒質の屈折率，n' は屈折光側の媒質の屈折率です。屈折率とは，光が屈折する度合いを表すパラメーターで，媒質ごとに固有の値を持っています。**表1-1**に代表的な媒質の屈折率を載せています。

表1-1　代表的な媒質の屈折率（波長589.3 nm において）

媒質	屈折率
真空	1
空気（0℃, 1気圧）	1.000292
二酸化炭素	1.000450
水（20℃）	1.3334
光学ガラス	1.45〜2.15 程度
ダイヤモンド	2.417

6　全反射

　光がガラスから空気に入射するように，屈折率の高い媒質から屈折率の低い媒質へ入射する場合，屈折の法則から入射角よりも屈折角の方が大きくなります。**図1-9**は，ガラスから空気へ進む光線について，ガラス中の点Sから出る光のようすを示したものです。入射角を大き

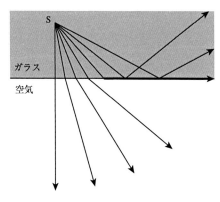

図1-9　光線の入射角度と全反射

くしていくと，ある角度のところで屈折角が90°となりますが，それ以上の角度になると光は屈折せず境界面で反射します。この反射する現象を**全反射**といいます。全反射が起きるぎりぎりの状態での入射角度を**臨界角**といいます。臨界角θcは，以下の式で与えられます。例えば，屈性率1.5のガラスと空気の境界面での臨界角は，41.8°となります。

$$\theta_c = \sin^{-1}\left(\frac{n'}{n}\right) \quad (1\text{-}3)$$

ここで，nは入射側の媒質の屈折率，n'は屈折側の媒質の屈折率です。

全反射は，光が100%反射するという特徴があります。そのため，光をロスなく反射させたいときに使うと有効です。**図1-10**は，ガラスと空気の全反射を用いて光を反射させるプリズムの例です。プリズムを構成するガラスの屈折率が十分高ければ，プリズムの底面においてほとんどの光線が全反射を起こします。光量ロスなく光の進む方向を変えたいときによく用いられます。

また，光ファイバーも全反射を利用したものです。**図1-11 (a)** は，単純な光ファイバーです。光ファイバーの端面から入射した光が内部で何度も全反射を起こし，もう一方の端面から射出します。実際の光通信用の光ファイバーは，**図1-11 (b)** のように光を導く屈折率の高いガラス（**コア**）の周りに光もれを防ぐためのコアよりも屈折率の低いガラスの層（**クラッド**）が覆っています。このときの臨界角は，コ

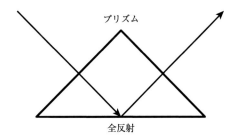

図1-10 全反射プリズム

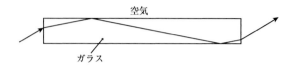

(a) 単純な光ファイバー（空気中にファイバーを置いたもの）

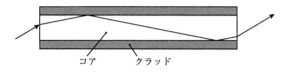

(b) 光通信用の光ファイバー
　　コア：屈折率が高いガラス，クラッド：コアよりも屈折率が低いガラス

図1-11　光ファイバーの中の光線

アおよびクラッドの屈折率で決まります。光通信用光ファイバーは非常に長くて反射回数も数え切れないほど多く，100％反射する全反射が非常に有効です。そのおかげで遠くまで光に乗せた情報を伝送できるわけです。

7　実際の境界面での反射と屈折

　通常，ガラスは透明でガラスの向こうにある景色がそのまま見えますが，よく見るとガラスの表面に反射光が映っているのがわかります。これは，ガラスの表面で屈折と反射が同時に起こるからです。水の表面を見た場合も同様です。水の中のものも見えますが，水の表面で反射した光も見えます。

　図1-12は，異なる種類の媒質の境界面で屈折と反射が同時に起こるようすを示しています。このとき，反射光と屈折光の強度の割合は理論的に定まり，入射角 i に依存します。大きな傾向で言えば，入射角が大きくなればなるほど反射光の割合が増えます（ただし，厳密には少し特殊な現象もあり，その場合は少々異なります。それについては第7章の偏光のところで説明します。）。

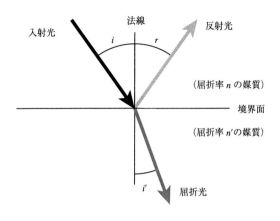

図1-12　異なる媒質の境界面での屈折と反射

入射角が0°の場合，つまり境界面に垂直に入射する場合，反射光強度Iは以下の式で与えられます。このとき，反射しない光はすべて透過します。

$$I = \left(\frac{n'-n}{n+n'}\right)^2 \quad (1\text{-}4)$$

例えば，空気から屈折率1.5のガラスに光が入射する場合，反射率は約4％となります。この反射は，レンズの表面でも起こり，カメラで撮影する像の鮮鋭度を低下させる原因にもなります。

8　鏡でのものの見え方，光の可逆性

　光が鏡の表面で反射するとき，入射角と反射角が等しいという反射の法則にしたがって反射します。このため，まるで鏡の向こう側に反転したものがあり，そこから光がまっすぐ来ているように見えます。**図1-13**は，鏡に映った自分の顔が見えるようすです。A点からの光は，実際には鏡で反射して目に届きますが，まるでA'点からまっすぐに届いているように見えます。B点についても同様で，B'点からまっすぐに届いているように見えます。鏡の向こうに見える反転したもの，

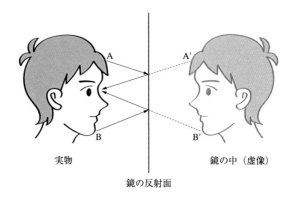

実物　　　　　　　鏡の中（虚像）

鏡の反射面

図1-13　鏡に映ったようす

　これを**虚像**といいます。虚像とは実際には存在しないけれども，あたかもそこにあるかのように見えるもののことです。

　次に光の進路を考えてみましょう。ある点Cから，ある点Dに光が進んだとします。直進，反射，屈折を繰り返してどんな経路で進んでいったとしても，逆にD点からC点に戻る場合も，まったく同じ経路をたどります。これを光の**可逆性**といいます。これは，光の直進，反射，屈折がどちらの方向からでも同じ法則に従うからです。ですから，こちらから見えていれば，必ず向こうからも見えるということになるのです。

9　光の波長と屈折率

　本章の最初で述べたように光は電磁波という波の一種で，さまざまな波長を持ったものがあります。波長については第4章で説明します。また，光を光線と考える限りは，波としての性質を考える必要はありません。ただし，光線のふるまいを決める屈折の法則における屈折率nが光の波長に依存することは知っておかねばなりません。

　目に見える光のことを**可視光**とよびます。可視光とは波長が380〜780 nmの電磁波のことです。波長の違いによって，目で見たときの

表1-2　光学設計の分野でよく用いられる使用波長

スペクトル線	g	F	e	d	He-Ne	C
光源	Hg	H	Hg	He	レーザー	H
波長（nm）	435.8	486.1	546.1	587.6	632.8	656.3
色	紫	青	緑	橙	赤	赤

　光の色が異なり，波長の短い紫色や青色から長い赤色まで，いわゆる虹の色のように光の色が連続的に変化します。

　屈折率は光の波長により変化するので，計算や測定を行う際には使用波長を定める必要があります。**表1-2**に光学設計の分野でよく用いられる波長を示しました。可視光の基準波長としては，eラインとよばれる緑色の波長546.1 nm，もしくはdラインとよばれる橙色の波長587.6 nmがよく用いられます。

（槌田 博文）

coffee break 1-❶ マジックミラー

マジックミラーは，一方からは見え他方からは見えない不思議なミラーという印象を持っている方も多いと思います。しかし，ミラーの反射率が見る側によって変化するわけではありません。見え方の違いは，実は部屋の明るさの違いによるものです。

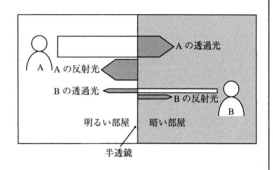

図1-14 マジックミラーのしくみ

図1-14に，マジックミラーの見え方のしくみを示します。マジックミラーの反射率は，通常30～50%くらいとなっていて，残る光がおおむね透過します。このようなミラーのことを**半透鏡**もしくは**ハーフミラー**といいます。このとき，左側のAさんの部屋は明るく，右側のBさんの部屋は暗くなっていることがポイントです。

半透鏡の透過率と反射率が50%だとして説明しましょう。明るい部屋にいるAさんからの光は，50%が透過し，50%が反射します。暗い部屋にいるBさんからの光も同様に，50%が透過し，50%が反射します。しかし，Bさんの部屋は暗いので，その光の全体量は少なくなっています。このときAさんはAの反射光とBの透過光を見ることになりますが，Aの強い反射光に比べ，Bの透過光は弱いため，主にAの反射光が見えてしまいます。このため，Aさんは，Bさんの存在に気づかず，鏡を見ているように思います。一方，Bさんは，Aの透過光とBの反射光を見ることになりますが，Aの透過光は十分明るいため，BさんからAさんを見ることができるわけです。

夜，明るい部屋の中から窓ごしに真っ暗な外を見たとき，窓ガラスに自分の姿や部屋が映っているという経験はよくあると思います。その状況は，マジックミラーでのAさんの状況に似ています。

第2章

光線としての光（2）
プリズムとレンズ

1 光の進み方のコントロール

　光の進み方をコントロールする方法として，まず考えられるのが第1章で説明した反射または屈折を使うことです。本章では，反射または屈折によって光の進み方をコントロールするものとして最も基本的な光学素子といえるプリズムとレンズについて，そのしくみやはたらきについて説明します。

2 プリズムのはたらき

　プリズムとは，ガラスなどの透明物質からできた多面体で，光を反射，屈折，分散させるなどの機能を持つものです。さまざまな種類があり，第1章に反射機能を持たせたプリズムもありましたし，光学機器の章でも，像を反転させるためのプリズムが紹介されています。

　プリズムの中では，三角柱の形をしているものが最もよく知られており，レンズのはたらきにも関係する重要な役割を持っています。以下，この三角柱プリズムについて見ていきたいと思います。**図2-1**のように，三角柱の形をしたプリズムに光が入射すると，空気とガラスとの境界面で屈折が起き，その結果として射出光は曲がることになります。このときの曲がり角度ϕを**偏角**とよびます。また，この三角プリズムの頭の角度αを**頂角**とよびます。

　このとき，偏角の値は屈折の法則から数値的に計算することができますが，頂角や入射角が小さいとき，近似的に偏角ϕは頂角αに比例

し式 (2-1) で表されます。ここで，nはプリズムを構成するガラスの屈折率です。

$$\phi \fallingdotseq (n-1) \cdot \alpha \qquad (2\text{-}1)$$

次に，太陽光や電灯のような光がプリズムに入射する場合を考えます。これらの光は，**白色光**といっていろいろな波長（色）の光が含まれています。波長が変わるとそれに対する屈折率が変わるので，プリズムでの曲がり度合も変わってきます。プリズムに使われているガラスのような媒質では，波長が短いほど屈折率が高くなるため，波長が長い赤よりも，波長が短い青や紫の方が曲がる角度が大きくなります。その結果，太陽光のような白色光を三角プリズムに入射させた場合，**図2-2**に示すように，射出光は赤から青・紫にいたる虹色に分解されます。このように，光を波長の違いによって分けることを**分光**といいます。また，白色光に対して，単一の波長しか含まない光を**単色光**といいます。

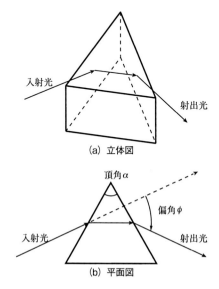

図2-1 三角プリズムへの光の入射と射出のようす

第2章 光線としての光（2） プリズムとレンズ

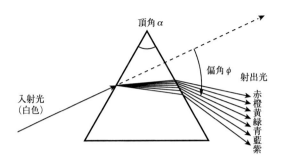

図2-2 プリズムによる分光
偏角φは緑に対しての角度を代表として示しています

3 レンズのはたらき

　レンズには，虫めがねのような1枚レンズ（**単レンズ**）からカメラのズームレンズのように10枚以上のレンズを組み合わせたものまで，さまざまなものがあります。まず，単レンズのはたらきを考えてみましょう。虫めがねなどは，中心部分が厚く周辺にいくにしたがって薄くなる形をしています。これを**凸レンズ**といいます。レンズの面は，通常球面形状になっています。これは，研磨でレンズを加工する際に，球面のレンズが作りやすいことに起因しています。

　虫めがねで太陽の光を集めて紙を焼いた経験のある方も多いと思い

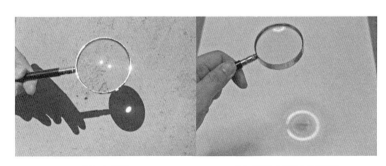

(a) 太陽光　　　　　　　　(b) 電灯（丸形の蛍光灯）

図2-3 虫めがねによる太陽光の集光と電灯の結像（口絵参照）

ますが，**図2-3 (a)** のようにレンズには光を集める**集光**作用があります。次に，部屋の天井にある電灯の光を虫めがねに通して，白い紙の上に集光させてみたらどうでしょうか。**図2-3 (b)** のように，紙の上には天井の電灯と同じ形をした像ができることがわかります。このように，レンズには像を作る**結像**作用があります。

やってみよう！実験　2-❶

　OSAキットの凸レンズ（LENS AまたはC）もしくは市販の虫めがねを用い，**図2-3**のように下に白い紙などを置いて太陽や電灯の光を集光させてみましょう。光の集まるようすを観察してみて下さい。

　次に，同じく凸レンズを用いてトレーシングペーパーに外の景色を映してみましょう。1枚のレンズでもきれいな像を観察することができるはずです（**図2-4**）。これがカメラレンズの原理です。また，雨上がりの草木についた水滴もレンズのはたらきをします。身近にある水滴をのぞいて見てみましょう（**図2-5**）。水滴の中に，遠くの景色が映っているのが見えると思います。

＊観察の際は，レンズを通して直接太陽の光を見ないよう，くれぐれも注意しましょう。また，太陽光の集光による発火にも注意しましょう。

図2-4　凸レンズによる景色の結像

図2-5 水滴もレンズ（口絵参照）

4 結像のしくみ

　ではなぜ，凸レンズで集光作用や結像作用が生じるのかを考えてみましょう。図2-6に示すように，レンズは頂角（2つの面のなす角）の違うプリズムの集合体と考えることができます。レンズの中心部は平板で，周辺にいくほど角度のついたプリズムのようになっています。各プリズムの頂角は，幾何学な関係から近似的に中心軸からの距離に比例します。

　次に，光る点から出た光を考えますが，この章では説明を簡単にするために，光る点がレンズから十分離れたところにある場合を考えます（光る点がレンズに近い場合は，第3章で取り扱います。）。光る点から出た光線はプリズムの集合体であるレンズに入射し，屈折して進んでいきます。このとき，各プリズムでの光線の偏角は式（2-1）で示したとおり近似的に頂角に比例します。一方，頂角は近似的に中心軸からの距離に比例するので，結局レンズから射出した光線はすべて同じ場所に集まることになります。つまり，1点から出てレンズのどの場所に入射した光線もレンズを通過後，また同じ1点に集まるとい

う性質を示します。これは，レンズの重要な性質です。

　レンズの中心軸のことを**光軸**といいますが，いまその光軸上でレンズから十分離れたところに**図2-7 (a)**のように光る点があったとします。その点から出る光は四方八方に拡がっていきますが，レンズに入った光はまた光軸上の1点に集まります。次に**図2-7 (b)**のように光る点を光軸から垂直な方向に少しずらすと，光が集まる点も反対方向に少しずれたものとなります。光る点をさらに光軸から離すと，集まる点もさらにずれます。

　通常，物体は周りからの光を拡散光として反射させていますが，人はその反射光を目で受けることによって物体を認識することができます。別の見方をすれば，物体は微小な光る点の集まりと考えることができます。**図2-8**のように，物体の各点から出た光はレンズを通過後それぞれ別々の点に集まります。集まった点の集合体は結局もとの物体の明るさや色を反映したものとなります。その結果できるのが**実像**です。この例では，上下左右が逆さまになった**倒立像**となります。このように1点から出た光をある1点に集光させるというレンズの性質により，結像作用が生まれるのです。

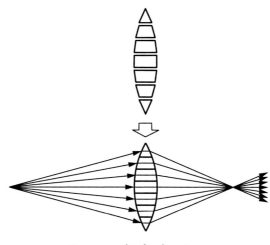

図2-6　レンズはプリズムの集まり

第2章　光線としての光（2）　プリズムとレンズ

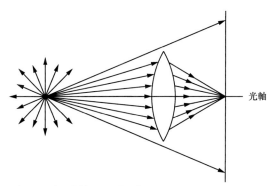

(a) 光軸上の点からの光は光軸上の1点に集まる

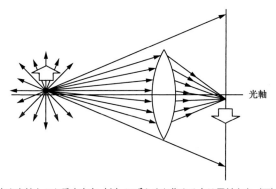

(b) 光る点を光軸上から垂直方向（上）にずらすと集まる点は反対方向（下）にずれる

図2-7　レンズの作用

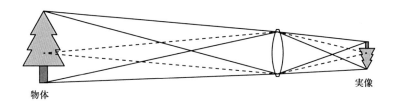

図2-8　結像のしくみ

5 凸レンズと凹レンズ

ここまでは，凸レンズの場合について考えてきました。凸レンズとは逆に，周辺部分が分厚く中心が薄くなっているレンズを**凹レンズ**といいます。**図2-9**は凸レンズと凹レンズを比較したものです。凸レンズでは，1点から出た光を実際の一点に集めますが，凹レンズでは，1点から出た光を集めるのではなく，発散させる作用があり，レンズの反対側から見たときには，実際の点からではなく，まるでレンズに近いある1点から光が出てくるように見えます。

凹レンズを通して物体を見た場合は，**図2-10**に示すように物体最上部のA点から出た光は，実際にはグレーに塗って示したように拡がって眼に入りますが，そのときまるでA′点からまっすぐに出てきているように見えるのです。物体を微小な光る点の集まりと考えると，

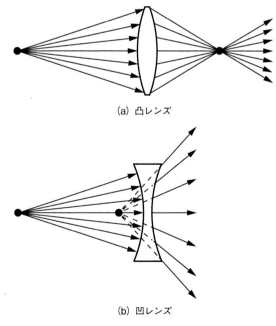

(a) 凸レンズ

(b) 凹レンズ

図2-9 凸レンズと凹レンズ

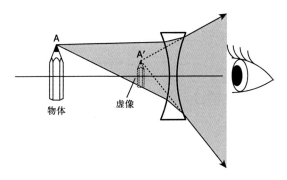

図2-10 凹レンズによる虚像

その各点が存在していない仮想的な各点にあって，そこから光が出ているように見えるわけです。その結果，レンズの反対側から見たときには，あたかも物体がそこにあるかのように見えます。このとき見えるものを**虚像**といいます。この虚像は，上下左右が逆になっていない**正立像**です。虚像は物体の反対側からレンズを通して見えるもので，スクリーンをそこに置いても像が映ることはありません。

6 焦点距離

　光軸に平行な光（つまり無限遠方にある点から出た光）をレンズに入射したときに光が集まる点を**焦点**といい，レンズから焦点までの距離を**焦点距離**といいます。焦点距離は，レンズに関する最も基本的な量です。

　正確には，**図2-11**のように入射光線が1つの仮想的な面（**主平面**）で曲がっていると考えたときにその主平面から焦点までの距離が焦点距離となります。また，主平面と光軸との交点を**主点**といいます。凹レンズの焦点は，平行光を入射したときにあたかも1点に集まっているように見える点で，焦点距離はマイナスの値で表現します。

　焦点や主点や焦点距離は光線をレンズの表側から入射した場合と裏側から入射した場合で，各々2つずつあります。**図2-11**は，レンズの

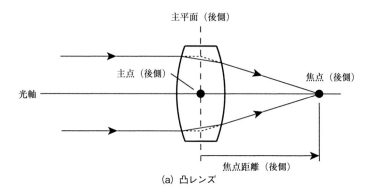

(a) 凸レンズ

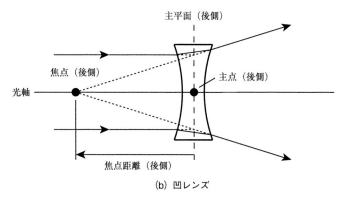

(b) 凹レンズ

図2-11 焦点，主点，主平面，焦点距離
凸レンズ，凹レンズとも左から平行光を入射させた場合を表しています

左側から光線を入射させたときのようすです。レンズの左側から光線を入射させたときにできる焦点を**後側焦点**，逆に右側から光線を入射させたときにできる焦点を**前側焦点**といいます。なぜ左側から光を入射したときを後側焦点とよぶかというと，レンズの図を描くときに慣例上光源側からの光線が左から右に進むように描くのが一般的であることに起因しています。また2つの焦点距離は，レンズ前後の媒質が同じときは同じ値となります（以下本章と次の第3章では，レンズ前後の媒質が同じときのみを扱います。）。

レンズのよび方として，凸レンズのことを**正レンズ**，凹レンズのことを**負レンズ**とよぶこともあります。このよび方は焦点距離の符号からきています。

やってみよう！実験 2-❷

OSA実験キットの凹レンズ（LENS C），もしくは近視用のめがねレンズ（これも凹レンズ）を通して，身近なものをのぞいて見て下さい。そこに見えるのが虚像で，正立して見えるはずです。

7 凹面鏡と凸面鏡

レンズ作用を持つものには，屈折を利用したもの以外に反射を利用したものもあります。**図2-12**に示すような**凹面鏡**や**凸面鏡**がそうで，それぞれ凸レンズや凹レンズのはたらきをします。ただし，反射を用いるので反射後は，光の進む向きが逆になります。

このような反射によるレンズが使われている代表例として，大型の天体望遠鏡があります。国立天文台がハワイに建設した大型望遠鏡すばるでは，レンズ直径8.2 mの凹面鏡が使われています。屈折によるレンズと違い，波長による光線の曲がり具合の変化がないので，色にじみ（第3章で述べる色収差）がないという大きな特徴があります。天体望遠鏡については，第12章で詳しく述べています。

凸面鏡の例として，**図2-13**に示すようなタンクローリーのタンクがあります。このタンクの後面は，凸面の鏡のようになっており，そこに景色が映っています。凸面鏡は凹レンズとしてはたらくので，映っているのは周りの景色の正立の虚像です。

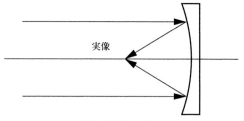

(a) 凹面鏡：実像ができる。

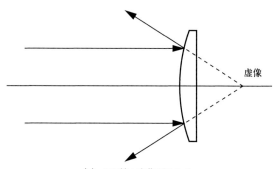

(b) 凸面鏡：虚像が見える。

図2-12　凹面鏡と凸面鏡

図2-13　タンクローリーの凸面鏡（口絵参照）

（槌田 博文）

やってみよう！実験　2-❸

　身近な反射鏡としてスプーンがあります。スプーンに自分の顔を映してみたとき，凹面側を見たときと凸面側を見たときでは見え方が変わります。凹面側は凸レンズのはたらきをするので倒立の実像が，凸面側は凹レンズのはたらきをするので，正立の虚像が見えます。実際にスプーンをのぞいて違いを確かめてみて下さい（**図2-14**）。

図2-14　スプーンのレンズ作用

coffee break 2-❶　GRINレンズ

　屈折による特殊なレンズとして，**GRINレンズ**があります。通常，光は均一な媒質の中では直進しますが，媒質が一様ではなく屈折率が変化している場合は，屈折率の高い方へ曲がるという性質があります。これを利用したのがGRINレンズで，**分布屈折率レンズ**ともよばれます。

　図2-15に示すものは，半径方向に屈折率が変化するタイプのGRINレンズで，レンズ中心部分の屈折率が高く周辺にいくにしたがって低くなっています。この場合，レンズが凸形状をしていなくても，レンズ内部の屈折率勾配によってレンズ作用が生じます。GRINレンズは，その特性を活かして微小なレンズとして用いられることがあります。**蜃気楼**や逃げ水などの自然現象も同様の屈折率分布作用によるもので，それらの自然現象については，第8章で紹介します。

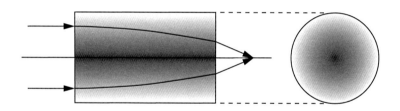

図2-15　半径方向に屈折率が変化するタイプのGRINレンズ

第3章

光線としての光（3）
レンズによる結像

1 作図による結像の求め方

　レンズによりできる像の位置や大きさは，レンズの焦点位置と物体までの距離がわかれば簡単な作図により求めることができます。このとき，レンズを通過する光線について，**図3-1**および以下に示すよう

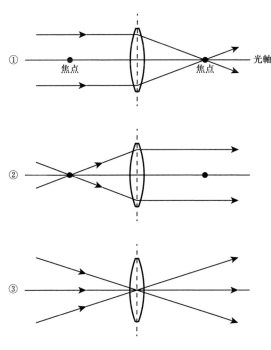

図3-1　レンズを通過する光線の性質

な3つの性質を用います。
　①光軸に平行な光線は焦点を通る。
　②焦点を通る光線は光軸に平行となる。
　③レンズの中心を通る光線はそのまままっすぐに進む。
　実際の作図手順を**図3-2**に示します。**図3-2 (a)** は凸レンズの場合の一例で，レンズの焦点位置（前側と後側の2カ所）と物体の位置はわかっているものとします。まず，物体の一番上の点Pから出る光線を考えます。点Pから光軸に平行に出た光線はレンズを通過すると焦点（後側）を通ります（光線①）。また，点Pから出て焦点（前側）を通った光線はレンズを通過すると光軸に平行となります（光線②）。
　この2つの光線の交点P′が点Pから出た光が集まるところになります。像はこの点P′から光軸に垂直におろした線上にできます。このように，レンズを通る光線は，2本の光線を考えるだけで十分作図できます。なぜならば，レンズは物体上の1点から出た光を像上の1点に集めるという性質があるので，同じ点から出る2本の光線の交点を見つければ他の光線もそこに集まるからです。したがって，性質①または②のかわりに性質③を用いることもできます。作図の際に光線を

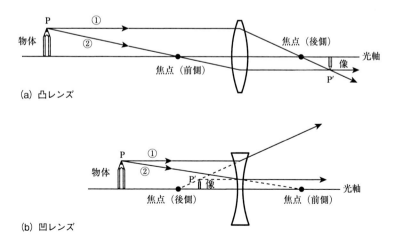

図3-2　作図の手順

平行に伸ばしたとき，もしレンズにあたらない（レンズの上側を通ってしまう）という場合には，理想的なレンズとして大きく上に引きのばして交点を考えて構いません。

図3-2 (b) は凹レンズの場合ですが，この場合は後側焦点が左側，前側焦点が右側にくるので注意が必要です。まず，物体一番上の点Pから光軸に平行に出る光線を考えます。この光線は，レンズを通過後，その延長上に後側焦点がくるように進みます（光線①）。次に，点Pから出て前側焦点をめざして進む光線を考えます。この光線はレンズを通過後，光軸と平行になります（光線②）。この2つの光線の延長上の交点P′が，点Pから出た光が出てきているように見えるところです。像はこの点P′から光軸に垂直におろした線上にできます。凸レンズのときと同様に，性質①または②のかわりに性質③を用いることもできます。

2 公式による結像の求め方

作図の他に，**結像公式**といわれる数式を用いて像のできる位置や大きさを求めることもできます。以下，凸レンズの結像の場合について説明します。凸レンズの焦点距離をfとし，物体が前側焦点よりもレンズから離れた位置にあって**図3-3 (a)** に示すような配置の場合，レンズから物体までの距離をs，像のできる位置までをs'，倍率をmとすると，式（3-1），（3-2）に示される関係式（結像公式1）が成り立ちます。**倍率**mは物体と像の大きさの比率です。

結像公式1

$$\frac{1}{s} + \frac{1}{s'} = \frac{1}{f} \tag{3-1}$$

$$m = \frac{s'}{s} \tag{3-2}$$

また，結像公式の別の表し方（結像公式2）として，**図3-3 (b)** に

示すように焦点から物体までの距離をxととると，像のできる位置x'と倍率mは次の式で与えられます。

結像公式2

$$x \cdot x' = f^2 \tag{3-3}$$

$$m = \frac{f}{x} = \frac{x'}{f} \tag{3-4}$$

このように結像公式には2種類がありますが，sを用いる場合は距離の取り方が単純で，xを用いる場合は計算が比較的楽になるなどそれぞれに利点があります。また，これらの結像公式は，数値の符号をすべて正の値とするときの表現になっています。

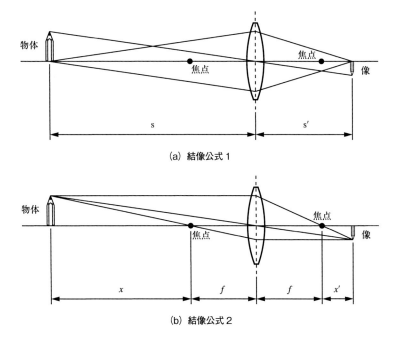

図3-3　結像公式での距離の取り方

やってみよう！実験 3-❶

OSA実験キットの凸レンズ（LENS A, $f=125$ mm）を用いて，あらかじめ大きさとレンズからの距離がわかっている蛍光灯などの物体について，**図3-4**のようにその像を机や壁の上に作り，像の大きさや位置を測って，それらが公式どおりになっているか確かめてみましょう。

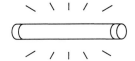

図3-4　結像の実験

もっと知りたい！ 3-❶

　本章2節で説明した結像公式は，わかりやすさを優先して凸レンズ（焦点距離 f は正）の場合で，しかも物体までの距離 s, s' や x, x' を正の値として表現しました。凹レンズの場合の焦点距離を負とし，s, s' や x, x' にも符号を考えると，結像公式を一般化させることができ，適用範囲が広がります。

　例えば結像公式2では，距離 x を前側焦点位置から右側を正で左側を負とし，距離 x' を後側焦点位置から右側を正で左側を負とすると，物体位置がどこにあっても，凹レンズの場合でも，以下の結像公式（3-5），（3-6）を適用することができます。**図3-5 (a)** 凸レンズでレンズから物体までの距離が遠く実像ができる場合，**図3-5 (b)** 凸レンズで物体までの距離が近く虚像ができる場合，**図3-5 (c)** 凹レンズの場合のそれぞれについて，距離の取り方とそのときの距離の符号を示しました。式（3-6）を使って倍率 m を計算した場合，正立像だと倍率が正，倒立像だと倍率が負となります。

$$x \cdot x' = -f^2 \tag{3-5}$$

$$m = \frac{f}{x} = -\frac{x'}{f} \tag{3-6}$$

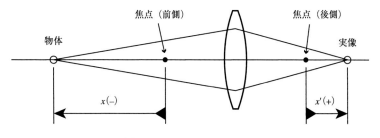

(a) 凸レンズで実像ができる場合

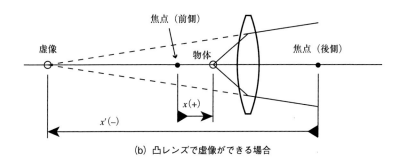

(b) 凸レンズで虚像ができる場合

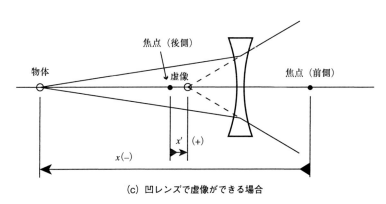

(c) 凹レンズで虚像ができる場合

図3-5　一般化した結像公式での物体や像までの距離の取り方

3　結像の実際

　図3-6は，レンズから物体までの距離を変えていったときに，凸レンズによる像のできる位置や大きさがどのように変わっていくかを示しています。**図3-6 (a)** のように物体がレンズから$2f$よりも遠くにある場合は，物体よりも小さな実像ができます。このような縮小結像の例としてはカメラがあります。

　また，**図3-6 (c)** のように物体がレンズから$f\sim2f$の範囲にある場合は，物体よりも大きな実像ができます。このような拡大結像の例と

しては，プロジェクターがあります。**図3-6 (b)** は物体がレンズからちょうど2fの位置にあるときで，物体と同じ大きさの実像ができます。この状態を**等倍結像**といいます。

このように，レンズから物体までの距離を変えていくと像のできる位置と大きさが変わります。できた像を撮像するためには，**CCD**などの**撮像素子**を像の位置に置きます。撮像素子とは，像の濃淡や色を

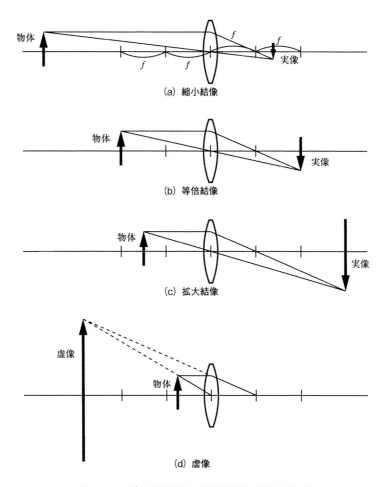

図3-6　レンズから物体までの距離の変化と結像のようす

第3章　光線としての光（3）　レンズによる結像

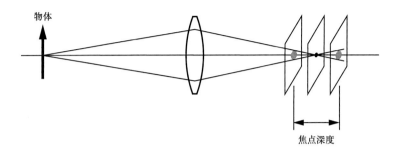

図3-7　焦点深度

電気信号に変換する素子で，電子の目とよばれるものです。物体の位置を動かすと像のできる位置が変化しますが，その場合には，撮像素子の位置を動かさねばなりません。これがいわゆる**ピント合わせ**です。実際のカメラでは撮像素子の位置を固定してレンズの方を動かすことで物体までの位置を調整します。

　もしできた像の位置からずれたところに撮像素子を置いた場合は，物体上の1点から出た光は撮像素子上で**図3-7**のように拡がったものとなり，そこでの像はぼけたものになります。ただし，その拡がり量がある程度小さい場合は，実用上ピントが合っているとみなすことができ，その範囲を**焦点深度**といいます。

4　ルーペ（虫めがね）

　物体が凸レンズからfより近くにある場合，像はどうなるでしょうか。作図してみると**図3-6 (d)** のように実像ではなく正立の虚像ができることがわかります。

　そのときのようすを**図3-8**に詳しく示します。**図3-8 (a)** は物体の最上部からの光（軸外）を**図3-8 (b)** では中央からの光（軸上）を示しています。いずれも実際にはグレー部のように光は進みますが，目で見るとあたかも点線で示すように光がまっすぐに出てきているように見えます。この場合の虚像は物体よりも大きくすることが可能で，

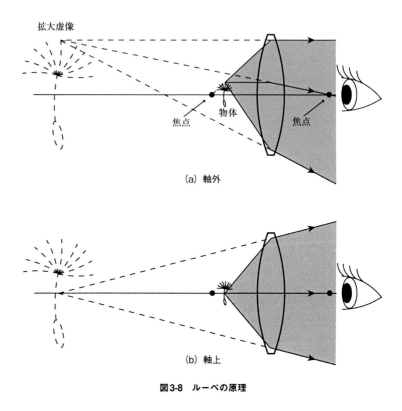

図3-8　ルーペの原理

物体を拡大して観察することができます。これが**ルーペ**（虫めがね）の原理です。

このときの拡大率を**ルーペ倍率**といい，レンズの焦点距離をf（mm）とすると，次のような近似式で与えられます。

$$\text{ルーペ倍率} = \frac{250}{f} \tag{3-7}$$

ルーペ倍率の定義は，物体を250 mm離して直接見た場合に比べて，拡大された虚像が何倍に見えるかということからきていて，ルーペそのものの結像倍率とは一般に異なることに注意が必要です。この250 mmのことを**明視の距離**といい，一般的な人が目の緊張なく最も近づいて観察を続けられる距離といわれています。顕微鏡の接眼レンズも

ルーペの一種で，その倍率も式（3-7）のルーペ倍率で表されます。式（3-7）は，虚像位置が無限遠方の場合または目を置く位置が後側焦点位置の場合に厳密に成り立ち，基準拡大率とよばれることもあります。虚像位置が近い場合や目を置く位置が後側焦点位置から多少ずれた場合でも，概ねこれに近い拡大倍率が得られます。低倍率ルーペの場合は，少し誤差が大きくなるため，式（3-7）の右辺に1を加えた式が用いられることがあります。

やってみよう！実験　3-❷

OSAキットの凸レンズもしくは市販の虫めがねを用いて，身近なものを拡大して見てみましょう。このとき，**図3-9**に示すように，レンズをなるべく目に近づけるようにした方がより広い視野で観察することができます。物体はレンズの焦点位置よりも若干レンズに近いところに置き，ピントを合わせるには物体の方を前後させます。1枚のレンズでもきれいな像を観察することができます。この

図3-9　ルーペによる観察方法

とき見えるのは虚像です。OSAキットの焦点距離の異なる凸レンズなどを用いて，倍率の違いなどの見え方を比較してみましょう。

5 光学機器のレンズ系

　光学機器には，カメラ，顕微鏡，望遠鏡などさまざまなものがあり，そこに使われているレンズ系の多くは大変複雑だと感じている方も多いと思います。しかし，それらのレンズ系は，原理的にはここまでに説明した実像もしくは虚像を使ったもの，またはその組み合わせになっています。いくつかの例を見てみましょう。

　図3-10 (a) はカメラの例で，実像を用いた典型的なものです。凸レンズによって物体の縮小された実像ができますが，そこに撮像素子を置いた単純な構成になっています。

　図3-10 (b) はプロジェクターの例です。明るく照明された小型表示パネルが物体となり，凸レンズによってその拡大された実像ができ，そこにスクリーンを置いた構成になっています。小型表示パネルには，透過型の液晶表示素子などが使われます。

　図3-10 (c) は顕微鏡の例です。凸レンズA（**対物レンズ**）によって拡大された実像Aをさらに凸レンズBのルーペ（**接眼レンズ**）を用いて虚像Bとして観察するものです。

　図3-10 (d) は望遠鏡の例で，凸レンズA（対物レンズ）による縮小された実像Aを凸レンズBのルーペ（接眼レンズ）を用いて拡大された虚像Bとして観察するものです。凸レンズAの焦点距離よりも凸レンズBの焦点距離を短くすることで，拡大した観察ができます。この望遠鏡のタイプを**ケプラー式望遠鏡**といいます。**図3-10 (c)** の顕微鏡や**図3-10 (d)** のケプラー式望遠鏡では倒立した像が観察されますが，像反転プリズムによってこれを正立に戻して用いることもあります。

　このように，実際の光学機器でも原理的にはシンプルです。ただし，光学的な性能（見え）を良くしようとすると，何枚ものレンズを用いる必要があります。このとき，何枚構成のレンズであっても，結像の計算をする際は全体をある焦点距離（**合成焦点距離**）を持った1枚のレンズとして考えることができます。例えば，**図3-11**に示すように焦点距離f_1のレンズと焦点距離f_2のレンズを間隔dだけ離して置い

第3章 光線としての光（3） レンズによる結像

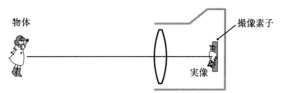

(a) カメラ：凸レンズによってできた実像を撮像素子で撮像

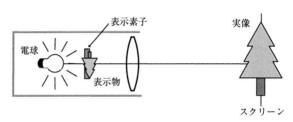

(b) プロジェクター：凸レンズによって拡大された実像をスクリーンに投影

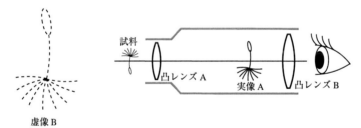

(c) 顕微鏡：凸レンズA（対物レンズ）によって拡大された実像Aを，凸レンズBのルーペ（接眼レンズ）で虚像Bとして観察

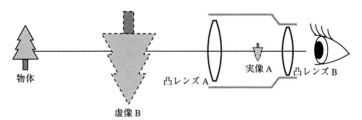

(d) 望遠鏡（ケプラー式）：凸レンズA（対物レンズ）による縮小された実像Aを，凸レンズBのルーペ（接眼レンズ）で拡大された虚像Bとして観察

図3-10 主な光学機器の光学系

た場合の合成焦点距離fは，次の式で与えられます。

$$\frac{1}{f} = \frac{1}{f1} + \frac{1}{f2} - \frac{d}{f1 \cdot f2} \tag{3-8}$$

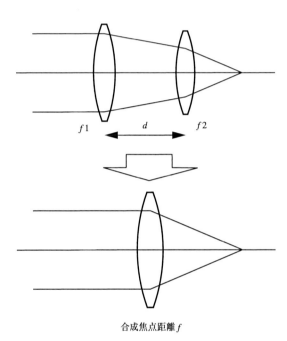

合成焦点距離 f

図3-11　合成焦点距離

やってみよう！実験　3-❸

　色々な光学機器の光学系を作ってみましょう。まず，プロジェクターです。OSAキットの凸レンズ（LENS A）もしくは市販の虫めがねを用いてスライドフィルムの拡大像を白い壁に投影します。部屋を暗くし，スライドフィルムを電灯または懐中電灯で照らし，その実像が白い壁の上にくるように調整してみましょう（**図3-12**）。

　次に，望遠鏡やカメラも作ってみましょう。これらの作り方は，第12章の実験12-①，第14章の実験14-①にありますので，そちらを参照して試してみて下さい。

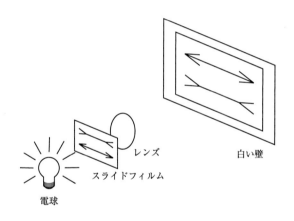

図3-12　プロジェクターの実験

6　レンズの理想結像

　ここで改めて，望ましい結像とはどういうものかを考えてみたいと思います。理想的な結像（**理想結像**）は，以下の3つの条件をすべて満たすものとされています。模式的には，**図3-13**のようになります。

レンズの作図や結像公式では，この理想結像が前提となっています。
　①点が点に集まる
　②平面は平面に結像する
　③光軸と垂直な平面内の図形とその像は互いに相似である

　第1章の式（1-2）で示される屈折の法則で，入射角 i が小さいとき，$\sin i$ は近似的に i となるので，屈折の法則は，式（3-9）のような近似式となります。

①点が点に集光

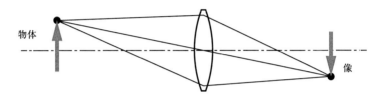

②平面が平面に結像

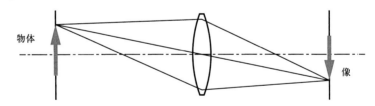

③物体と像が相似

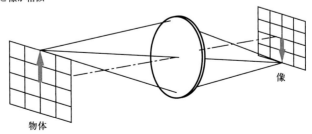

図3-13　理想結像

$$n \cdot i \fallingdotseq n' \cdot i' \tag{3-9}$$

この近似が成り立つ範囲を**近軸領域**といいます。光軸に近い光線は i が小さくなることからこのようによばれています。また創始者にちなんで**ガウス領域**ともいいます。近軸領域では，光線は理想結像を満足するようにふるまいます。

7 レンズの収差と収差補正

今までは，1点から出た光はレンズによって1点に集まるという前提で話をしました。つまり，近軸領域の理想結像で話をしていたわけです。ところが，実際の光線では，入射角は必ずしも小さいわけではないため式 (3-9) のような近似ができず，元の屈折の法則にしたがって進むため，完全な1点に集まりません。ほぼ1点に集まるというべきでしょう（**図3-14**）。つまり，実際には今まで考えていた理想的状態からのずれがあり，そのずれを**収差**といいます。

収差の大小はレンズ性能の良し悪しに大きくかかわってきます。収差には主なものとして，**ザイデルの5収差**とよばれる単色の場合で発生するものと，**色収差**とよばれる色に対して発生するものがあります。

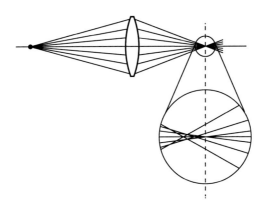

図3-14　ほぼ一点に集まる

表3-1に主な7収差をまとめました。

レンズを設計するときには，レンズの組み合わせによって，これらの収差をいかに小さくするかということが課題となります。通常，レンズ1枚だけでは収差が大きく発生するので，例えば図3-15に示すように凸レンズと凹レンズを組み合わせて収差を小さくします。これを**収差補正**といいます。高い性能やさまざまな機能を必要とするズーム

表3-1 主な収差

ザイデルの5収差	球面収差	軸上の1点からでた光が1点に集まらない収差	
	コマ収差	軸外の1点からでた光が1点に集まらず，非対称になる収差	
	非点収差	軸外の1点からでた光線による子午像面と球欠像面がずれる収差	
	像面湾曲	平面物体の像面が湾曲する収差	
	歪曲収差	方形の物体が方形に結像しない収差	たる型　糸巻き型
色収差	軸上色収差	光の波長によって像の位置が異なる収差	
	倍率色収差	光の波長によって像の倍率が異なる収差	

レンズやLSI露光用のステッパーレンズなどでは，20枚前後のレンズを組み合わせて用いているものもあります。

次に，レンズの表面形状を変えて収差を補正する例について触れておきます。通常レンズの表面は球面になっていますが，面が球面の場合には**図3-16**の上の図に示すように，厳密には光線が1点に集まりません。このずれを**球面収差**といいます。そこで，面を球面ではなく所

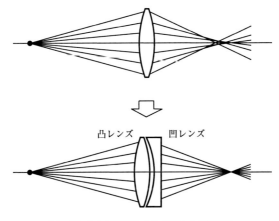

図3-15　レンズの組み合わせによる収差補正

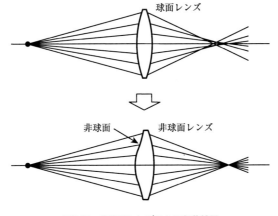

図3-16　非球面レンズによる収差補正

定の非球面形状にすると，**図3-16**の下の図に示すように一点に集めることが可能です。このようなレンズを**非球面レンズ**といい，収差を小さくするうえで大変有効です。非球面といっても光軸に対して回転対称な形状になっています。最近のスマートフォンの撮影レンズでは，5〜6枚からなるレンズ構成で，それらすべてが非球面になっています。

　レンズに用いられるガラスとしては，収差補正を良好に行うために，屈折率と分散の違う200種類近くのガラス材料があります。**分散**とは波長の違いによる屈折変化の度合いを表すもので，以下の式（3-10）に示す**アッベ数**ν_dという定義がよく用いられます。この式で添え字d, C, F付きのnは，第1章9節で説明した基準となる各波長における屈折率を表わしています。アッベ数が小さいほど，波長の違いによる屈折変化の度合いが大きくなります。

$$\nu_d = \frac{n_d - 1}{n_F - n_C} \quad (3\text{-}10)$$

　レンズを設計する際は，複数のレンズを組み合わせて収差を小さくし，所望の光学性能を出すのですが，レンズの大きさやコストなどの条件も満足させることが必要です。そのために，どのようなガラスを用い，どのような形状（ときに非球面）にし，どのように組み合わせるかが，レンズ設計者の腕の見せ所となります。

8　レンズの絞りと像の明るさ

　カメラレンズには，通常**絞り**がついています。これは**図3-17**に示すように，レンズを通過する光束の太さを変えるためのものです。これによって像の明るさが変わってきます。絞りを絞っても，物体の各点から出た光は像の方へ届くので，像は欠けることはなく明るさが変わるだけです。もちろん像の位置や大きさも変わりません。

　像の明るさを表す指標としては，**図3-18**に示すような**Fナンバー**や**開口数**がよく用いられます。開口数には，物体側開口数（NA）と

第3章 光線としての光（3） レンズによる結像

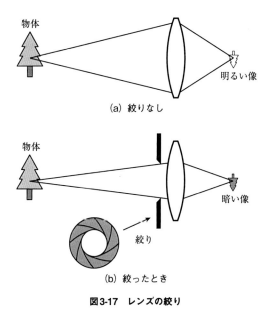

(a) 絞りなし

(b) 絞ったとき

図3-17　レンズの絞り

像側開口数（NA′）の2種類があります。Fナンバーはカメラ等の縮小系に多く用いられます。カメラでは物体が無限遠方にあることが多く，その場合は物体側開口数（NA）が0となって使えないためです。一方，物体側開口数（NA）は顕微鏡などの拡大系に用いられます。光軸付近の収差が小さいとき，Fナンバーと像側開口数（NA′）との間には式（3-11）のような関係があります。

$$F ナンバー = \frac{1}{2 \cdot NA'} \tag{3-11}$$

　絞りの径を大きくすると像は明るくなります。したがって，Fナンバーは小さい方が，開口数は大きい方が像は明るくなります。また絞りの径によって焦点深度は変化します。**図3-19**に示すように，絞りを開いて絞り径が大きいときは，収束する光線が光軸に対して大きな傾きを持つようになって焦点深度は狭くなります。逆に絞りを絞って径を小さくすると，焦点深度が深くなります。つまり，絞りを絞った方が，ピントが合う範囲が広くなるのです。

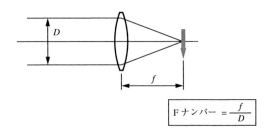

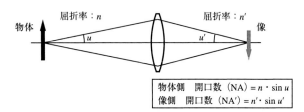

図3-18 Fナンバーと開口数(NA)

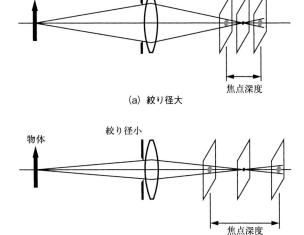

図3-19 絞りによる焦点深度の違い

(槌田 博文)

第4章

波としての光（1） 基礎

1 はじめに

　第1～3章では，光を光線として扱う幾何光学的な考え方を導入し，それを用いて反射鏡，レンズ，プリズムなどの光学素子の性質を説明してきました．この光線という概念は直感的に分かりやすく，実用上も大変便利なもので，カメラや顕微鏡などの光学機器に使われているレンズ系の設計にも重要な役割を果たしています．

　第4～7章では，見方を変えて，光を**波**として扱う波動光学的な考え方を紹介したいと思います．光線そのものが現実には目に見えないのと同様，普段の生活の中で波としての光を直接観察できる場面は少ないのですが，ここでは，光に限らず波が一般的に持つ**干渉**や**回折**といった性質を通じて可視化される現象の例を見ていきたいと思います．

　最初の例としてシャボン玉の色付きをあげます（**図4-1**）．シャボ

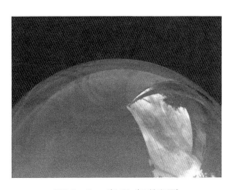

図4-1　シャボン玉（口絵参照）

ン玉をふくらませると，液自体には色が付いていないのに，その表面にはうっすらとした色付きが見られます。そしてその色は膜厚や観察する角度によっても微妙に変化します。これはシャボン玉の薄い膜の表面と裏面で反射した2つの光が重ね合わされて，特定の条件に合った色の光だけが強め合うために起こると考えることができます（詳しくは第5章で説明します。）。

　もう1つ例を挙げましょう（**図4-2**）。開口のある遮光板に光源から来た光を入射させ，その後方にスクリーンを置きます。スクリーンが遮光版のすぐ近くにある場合には，遮光板の開口の形の相似形が，スクリーン上にそのまま映ります（これが「影絵」の原理です。）。しかしスクリーンを少しずつ遮光板から離していくと，投影された像の輪郭が次第にぼけていくのがわかります。

　もし**図4-2 (a)** のように，光を光線の集まりとだけ考えた場合には，この現象を理解することは難しいのですが，開口を通ったあと，特に開口の端の方で光が必ずしも真っ直ぐに進まずに，**図4-2 (b)** のように（水の波のように）遮光板の裏面に回り込むと考えれば納得がいきます。このような現象からも光は波の性質を持つものであることが推察されます。

　スクリーンを更に遠くに離していくと，スクリーン上にはこのよう

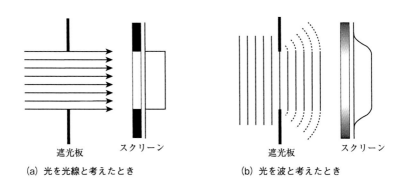

図4-2　開口を通る光のスクリーンへの投影像

な単純な考え方だけでは説明のつかない，より複雑なパターンが観察されます。こうした現象については第6章で詳しく説明します。

2 いろいろな波

図4-3 (a) のように静かな水面に小石を投げ入れると同心円状に水の波が広がります。これをよく見ると，水面のある点が振動するとすぐにそれが隣の点に次々と伝わり全体として波の形になって動いていくことが分かります。縄跳び用の紐などの一端を上下に（左右に）振ると，やはり手元でできた紐の振動が波の形になって次々と伝わっていくことが分かります（**図4-3 (b)**）。また**図4-3 (c)** のように音の波は空気の粗密波として空気中を伝わります。変わったところでは地震も，地球内部の断層のずれなどで生じた地殻の歪が波として伝わってくるものです。

紐の波のように，波が伝わる方向と波の振幅方向が互いに直交している波を**横波**といい，音のようにこれらの方向が一致している波を**縦波**といいます。地震の波には初期微動を起こす速度の速い縦波（P波）と，その次に来る大きな波すなわち速度の遅い横波（S波）があることは体験された方も多いでしょう。

それでは，光はどのような特徴を持った波でしょうか。実は，光は**電磁波**といわれる横波の一種であることがわかっています。水の波が水面の位置の変動を，音の波が空気の密度の変動を伝えているように，電磁波とは電場（電界）と磁場（磁界）が互いに影響を与えながら変動して空間を高速に伝わっていくものです。つまり，電磁波は電磁場の変動を伝えているのです。ただし，電磁波は他の波と違って真空中でも伝搬するという特別な性質を持っています。

3次元の空間を伝搬する波を考えると，紐の波や光の波（電磁波）のような横波では，振幅方向は波の進行方向と垂直であればよいのですから，上下と左右の間のどの方向にも取ることができます。特に電磁波の場合には，**図4-4**のように電場の振幅方向が常に一定の波を直

光の教科書

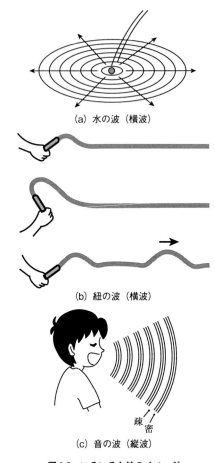

(a) 水の波（横波）

(b) 紐の波（横波）

(c) 音の波（縦波）

図4-3　いろいろな波のイメージ

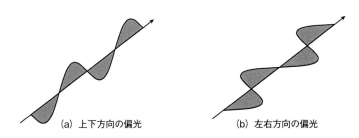

(a) 上下方向の偏光　　　　　　(b) 左右方向の偏光

図4-4　直線偏光の電場の状態

線偏光といいます（偏光については第7章で詳しく説明します）。

3 電磁波の発生

　電磁波は，電子のような電荷をもった粒子（荷電粒子）が加速度を持って移動するときに発生します。そのしくみを簡単に説明しましょう。**図4-5**のような単純な電気回路に，電子の加速度運動を伴う交流電流（周期的に向きが変化する電流）を流したとします。すると回路に沿って電流の周りに変動磁場が発生しますが，その空間には，磁場の変動を打ち消すような方向に**変位電流**と呼ばれる電流が流れます。そして，この変位電流がまた新たな変動磁場を発生させるのです。

　実際には，最初の電場の変動（交流電流）と新たな電場や磁場の発生は，時間的な遅延なくほぼ同時に起こることで電磁波が発生すると考えられています。放送局のアンテナはこのようなしくみで電波を発信しているのです。

　電磁波は，原子や分子などに束縛されている電子のエネルギーが，高い順位から低い順位に落ちる時にも発生します。このようなメカニズムはレーザーやLED光源として応用されています（第17，18章で説明します。）。

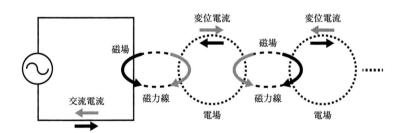

図4-5　電磁波の発生のしくみ

4 波長・周期（周波数）・位相速度

空間的に周期性を持つ波はよく**正弦波**として表されます。**図4-6**にそのような波が空間内を伝わる様子を示しています。任意の時刻tのとき，波の隣り合う山の間隔に相当する長さを**波長**といい，λという記号で表します。時間が経つにつれこの波は全体として形を変えずに右方向へ移動していきますが，Tだけ時間が経ったところで，山の位置が波長λだけ移動し，隣の山まで来たとします。このときの時間Tのことをこの波の**周期**といいます。また周期の逆数$f=1/T$のことを波の**周波数**といい，単位時間で何波長分の波が進んだかを表します。

この波が伝わる速度v（**位相速度**ともいいます。）を考えてみましょう。周期Tだけ時間が経ったときの波の移動量が波長λなのですから，$vT=\lambda$ より

$$v = \lambda / T = f\lambda \tag{4-1}$$

という関係が導かれます。

光の場合，位相速度は真空中では強度，波長，周波数に関わらず一定値$c=3\times 10^8$（m/s）であることが知られていますが，屈折率がnの媒質中では，波長はλ/n，位相速度はc/nとなり，共に真空中の値の$1/n$となります。水やガラスなど通常の媒質ではnの値は1より大きい

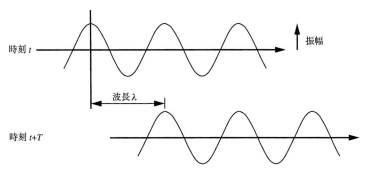

図4-6　正弦波の進み方（周期T後）

ので，真空中に比べ波長は短く，位相速度は遅くなります。このとき式（4-1）のvをcで置き換えた式をnで割ると

$$c/n = (\lambda/n)/T = f(\lambda/n) \qquad (4\text{-}2)$$

となります。ここで，波長や位相速度と異なり，周期Tや周波数fは屈折率nによらず一定である（＝変化していない）ことに注意してください。

参考のため，一般的な正弦波の変位yを位置xと時刻tの関数として表しておきましょう。

$$y = A \cdot \sin\left\{2\pi\left(\frac{x}{\lambda} - \frac{t}{T}\right) + \phi\right\} \quad (A > 0) \qquad (4\text{-}3)$$

ここでAは波の振幅を表し，{ }の中を一般に**位相**という言葉で表します。特にϕを**初期位相**ということがあり，原点（$x = t = 0$）での変位$y_0 = A \cdot \sin\phi$を表わす量となります。ある時点での2つの波の山や谷が同じ位置にあることを「位相が合っている」または「位相が同じである」という言い方をします。

この式から，位置xを固定したときの変位は，周期がTの単振動を表していることが分かります。この意味で周波数のことを**振動数**と呼ぶこともあります。

5 光速度の測定

光の（位相）速度に関しては，古くは1676年にレーマーが木星の衛星レオの観測から2.14×10^8 (m/s) という値を得ていました。ここでは，光速度の地上での測定に初めて成功した，1849年のフィゾーの実験について簡単に触れたいと思います。

図4-7はその測定法を図示したものです。高速に回転する歯車の隙間から光を飛ばし，遠方のミラーから同じ経路を光が戻って来る短い時間に歯車が少し回転し，丁度歯のところで遮光されたとします。

歯車からミラーまでの距離をL，光速をc，光が歯車とミラーを往

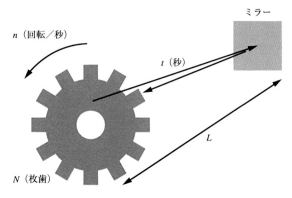

図4-7　フィゾーの光速測定法

復する時間をt（秒）とすると，その間の光路長は$2L=ct$となります。一方，歯車の歯数をN（枚），回転数をn（回転／秒）とすると，t（秒）で歯車が$1/(2N)$回転することから$nt=1/2N$ですから，tを消去することにより，

$$c = 4nNL \tag{4-4}$$

の関係が成り立つことが分かります。

　実際のフィゾーの実験では，$n=12.6$（回転／秒），$N=720$（枚歯），$L=8633$（m）という数値から，$c=3.13\times10^8$（m/s）という値を得ています。現在知られている光速は3.00×10^8（m/s）ですから，当時としてはかなり正確に測定できていたことがわかります。

6　光の波長と周波数

　これまで述べてきたように光は電磁波の一種ですが，その波長の値が大体380〜760（nm：ナノメートル=10^{-9}m）の範囲にあるものを**可視光**と称し，私たちはこの範囲の波長の違いを色として認識することができます。また波長の違う光が重なると白色をはじめ，様々な色が現れます。一方，紫より波長の短い光を**紫外線**，赤よりも波長の長い

光を**赤外線**と呼び，これらは目に見えません。光の波長範囲としては，通常紫外線から赤外線までの領域を指す場合が多いようです。

図4-8に示すように紫外線の外側にはX線やγ線があり，医療用などに使われています。また赤外線の外側はマイクロ波やラジオ波などの電波の領域で，携帯電話・スマートフォンの通信やテレビのデジタル放送に使われています。

真空中の光速度$c=3\times10^8$(m/s) を用いると，可視領域にある代表的な波長$\lambda=600$(nm)$=6\times10^{-7}$(m) の光の周波数は，式（4-1）より$f=c/\lambda=5\times10^{14}(Hz)=500$（THz：テラヘルツ$=10^{12}$Hz）となりますが，人間の眼はもとより，通常の光センサではこのような高周波の振幅変位を直接捉えることはできません。しかしこの章のはじめに述べたように，光は干渉や回折といった波としての性質を通して，直接観測のできるマクロな現象を見せてくれることがあるのです。

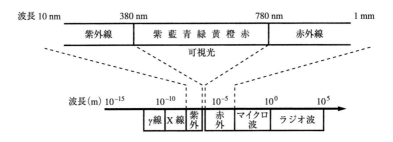

図4-8　電磁波の波長・周波数帯域

7　光の分散

太陽光のような白色光を透明なガラスでできたプリズムに通すと波長成分によって屈折率が異なるため，曲げられる光の方向が変わり虹のように色が分かれて見えます。通常のガラスは光の波長が短いほど屈折率が大きいため，**図4-9**のように波長の長い赤い光よりも波長の短い青の光のほうが大きな屈折を受けます。このように色々な波長成分

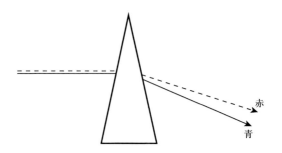

図4-9　プリズムによる分光

を持つ光をそれぞれの波長成分に分離していくことを**分光**といいます。

媒質を通過する光の波長によって屈折率が変化する現象のことを**分散**といい，このような性質を持っている媒質は「分散を持つ」といいます。一般に分散の大きさは媒質によって異なります。

8　光の伝搬とホイヘンスの原理

1点から発した光は空間を球面状に広がっていきます。このような波を**球面波**といいます。この波の位相が等しい面（等位相面：例えば山や谷になっている点を連続的につなげてできた面）を**波面**といい，この場合は球面となります。幾何光学で使われる光線は，波面に垂直な線を表します。進行方向が一定の方向にある波の等位相面は平面になりますが，このような波を**平面波**といいます。点光源から十分遠方では，球面波は平面波で近似でき，波面に付随した光線も互いに平行になります（**図4-10**）。

図4-11に平面波としての光が空気中から水の中に屈折して伝わる様子を示しています。水の屈折率を n（=1.33）とすると水中では光の波長は空気中の $1/n$ になり，波面と光線が直交することに着目すると，図中で入射光線の入射角は θ，屈折光線の屈折角は θ' に等しくなり，

$$AB \sin\theta = \lambda \tag{4-5}$$

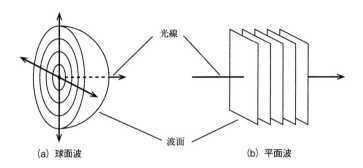

図4-10　球面波と平面波

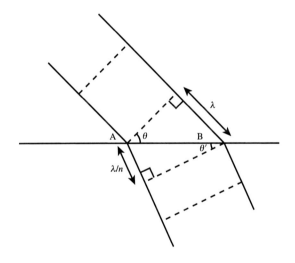

図4-11　屈折に関するスネルの法則

$$AB \sin\theta' = \lambda / n \tag{4-6}$$

が成り立つことから，

$$\sin\theta = n \cdot \sin\theta' \tag{4-7}$$

の関係（空気の屈折率を1とした場合のスネルの法則）が導かれます。

反射の法則についても全く同様に導くことができます。

　光の伝搬についてホイヘンスは，波面上の各点があたかも新たな光源であるかのように2次波を発生し，その包絡面が新たな波面を形成することによって光が伝搬していくという考えを提唱しました。**図4-12**は球面波の伝搬について，ホイヘンスの原理を示したものです。点光源Sによって球面波面Σが形成され，Σ上の各点が2次球面波を発生し，これらの包絡面として，新たな波面Σ′が形成されます。2次波の発生時刻とその位相速度が等しいことから，波面Σ′もまた点Sを中心とする球面波になります。

　波面Σ上の任意の1点Pに法線を立てると，この直線は点Sを通りますが，これが点Pを通る光線に他なりません。この光線は次々と新たにできる波面Σ′，Σ″等とも直交することがわかります。

　ホイヘンスの原理によると，波は単独で進むのではなく，多くの微小な波の重ねあわせの結果として伝搬することになります。この原理を適用することによって，干渉や回折の現象を直感的に説明することができますが，それについては後の章で述べることにします。

（宮前 博）

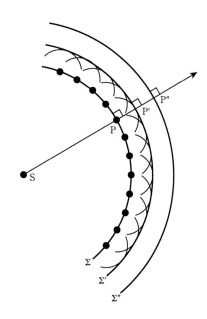

図4-12　ホイヘンスの原理

coffee break 4-❶

　光の本性の解明には長い歴史があります。17世紀頃ニュートンは光が直進することからその本質は粒子ではないかと考えていました。これを光の「粒子説」といいます。同じころホイヘンスは光が衝立の後ろにも回り込むことから光は波であると考えました。その後，偏光の発見，ヤングの干渉実験，フレネルの回折理論などによって光の本質が波であることが信じられるようになりました（これらについては第5，6章で触れます。）。19世紀後半になってマクスウェルによって光が電磁波と呼ばれる波の一種であるということが理論的に示された後，これを検証する実験的研究の結果，光の「波動説」に一応の軍配が上がりました。光の波としての扱いは，こうした長い時間を経て熟成されてきたものなのです。

第5章

波としての光(2) 干渉

1 干渉と重ね合わせの原理

　図5-1のように，1本の紐の両端で向かい合わせに波を発生させると2つの波は互いに近づく方向に進み，あるところで重なります。この時，波の高さ（変位）は，それぞれの波の変位の和になっています。この図の場合には左右から来る波の変位がいずれも上方向（山）なので，重なったときには上方向の大きな変位（山）となりますが，もし，上方向（山）の波と下方向（谷）の波がぶつかれば，お互いに打ち消し合って，（山と谷が同じ大きさならば）変位がなくなります。

　このように波の山と山，または谷と谷が重なると強めあい，波の山と谷が重なると弱めあうという現象のことを波の**干渉**といいます。水

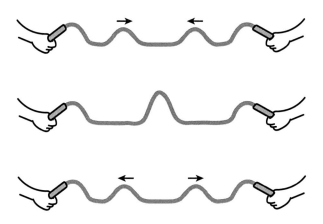

図5-1　波の重ね合わせ

面上の油滴やシャボン玉の色付きのような現象は，光の波の干渉によって説明することができます。

一般に，複数の波が合成された波の振幅が，その符号も含めて合成前の波の振幅の和になることを，波の**重ね合わせ**の原理といいます。波の中には，周期的であっても必ずしも正弦波形状ではない波もありますが，こうした波も，波長や振幅の異なる複数の正弦波

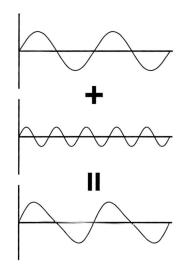

図5-2　波長や振幅の異なる正弦波の重ね合わせ

の重ね合わせで表わすことができます。ここでは最も簡単な例として，周期が2倍異なる2つの正弦波を足し合わせてできた波の形を示します（**図5-2**）。

2 干渉のしやすさ

大きさのある白色光源から出る光の波は，通常，正弦波ではなく，**図5-3**に示すように有限の長さで，光源から射出します。このような複数の波は干渉し合うのではないかと思われるかもしれませんが，発光する場所や時間が異なると，山や谷の位置や発光のタイミングが互いにばらばらなためにそのままでは干渉しません。波の干渉のしやすさは**可干渉性**という言葉で表されます。**図5-3**の光源から出ている波形1つずつの塊を**波束**と呼び，それぞれの長さを**コヒーレンス長**といい，可干渉性を表す指標の1つとなっています。一般に光源の波長分布の広がりが少なく単一波長（単色光）に近いほど，コヒーレンス長は長くなり可干渉性は増大します。白色光である太陽光は，たくさん

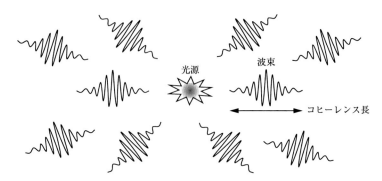

図5-3 大きさのある白色光源から出る光のイメージ

の波長(色)を含んでいて，波長分布の広がりが大きいため，そのコヒーレンス長は数μm程度にすぎず，可干渉性はあまり良くありません。

　もし，光源の大きさが十分小さく，波長分布の広がりが非常に少なくて単色光に近ければ，光源上の異なる位置で同時に発生する2つの波束の位相の差は小さくなり，コヒーレンス長も長くなるため，それらの光は互いに干渉しやすくなります。たとえば，光源の前に，ある狭い波長領域の光のみが透過する光学フィルターとスリットやピンホールを置くことでこのような条件を実現できます。しかしこうした方法は，効率が非常に悪い（＝光量が非常に少なくなってしまう）という欠点があります。

　これに対しレーザーから出る光は，点光源と同様位相が揃っており，コヒーレンス長も長く，単一波長で効率もよいため，現代ではさまざまな光学機器の応用に欠かせないものとなっています（半導体レーザーのコヒーレンス長は数cm程度ですが，レーザーの中にはコヒーレンス長が数kmに及ぶものもあります。）。

3　ヤングの干渉実験

　光の干渉を観察するもっとも簡単な方法の1つとして，2つのスリットを用いた**ヤングの干渉実験**があります。**図5-4**のように，衝立上に

距離dを隔てて2つのスリットS1, S2を設け，これらから等しい距離の点に置いた単色の点光源（もしくはレーザー）で照らすと，2つのスリットから出る光は互いに可干渉性の良いものとなり，その位相は等しくなります。

スリットからDだけ離れたところにスクリーンを置き，S1, S2の中点Cからスクリーンに下した垂線の足をOとして，スクリーン上Oからxだけ離れたところにある点Pで，スリットから出た光がどのように干渉するかを考えてみましょう。

ホイヘンスの原理から，光はスリットのところで2次光源として改めて球面波（この場合，正確には円筒波）となって出ていきます。光源と2つのスリットとの距離は等しいので，スリットを出たところでの波面の位相は互いに等しい（一方が山なら他方も山，一方が谷なら他方も谷）ですから，S1とPの距離をr_1, S2とPの距離をr_2, 波長をλとすると，点Pで

$$r_1 - r_2 = m\lambda \quad (m\text{は任意の整数}) \tag{5-1}$$

が成り立つとき2つの波は強めあうことがわかります。

さて，スリット間の幅dに対してスリットからスクリーンまでの距

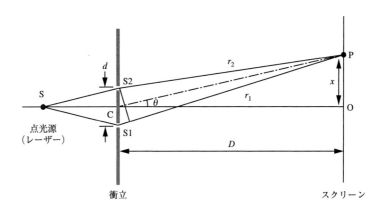

図5-4　ヤングの干渉実験の配置

離 D を十分大きく（$D \gg d$）とり，開口からスクリーン上の観測点 P を見込む角度を θ とすると，**図5-4**から

$$r_1 - r_2 \fallingdotseq d \cdot \sin\theta \tag{5-2}$$

が分かるので，式（5-1）から中心から m 番目の明線が，

$$d \cdot \sin\theta_m = m\lambda \tag{5-3}$$

の条件で現れますが，$D \gg x$ のときには，$\sin\theta \fallingdotseq \tan\theta = x/D$ と近似できて，

$$x_m = (D/d) \cdot m\lambda \tag{5-4}$$

となります。このときのスクリーン上での強度分布を表したものが**図5-5**になります。このように2つの光の波の干渉によってできる明暗の縞を一般に**干渉縞**といいます。

式（5-4）から干渉縞の隣り合う明線の間隔 Δx と波長 λ の間には，

$$\lambda = (d/D) \cdot \Delta x \tag{5-5}$$

の関係が成り立ち，光源の波長 λ を間接的に測定することができます。

次に，ヤングの実験で点光源を少しだけ上に移動させたとします。このときスクリーン上の干渉縞はどのように変化するでしょうか。光源を動かす前，スクリーンの中央は2つの光が強め合って干渉縞の中

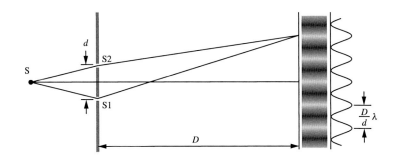

図5-5 ヤングの実験による干渉縞の強度分布

で最も明るい場所になっていました。しかし光源Sを上方に少し動かすと，光源から下側のスリットS1までの距離のほうが上側のスリットS2までの距離よりも少し長くなるので，スリットS1からスクリーンまでの距離を少し短くしてやらないと，スクリーン上で2つの光が強め合いません。すなわち観測点Pが少し下にずれたときにその条件が満たされることになります。同様のことはスクリーン全体で起こりますから，干渉縞は全体として少し下側に移動することが分かります。

さて今度は，**図5-6**に示すように，上下対称の位置に2つの点光源Sa，Sbがあった場合を考えましょう。この場合には，光源Saは下側にずれた干渉縞，光源Sbは上側にずれた干渉縞をつくりますが，そのずれ量の絶対値は互いに等しいため，これらの干渉縞の強度が重ね合わされた結果，再び上下対称な干渉縞が生成されます。この干渉縞の空間的な周期は，重ね合わされる前の干渉縞の周期と変わりませんが，干渉縞のずれの方向が反対のために干渉縞同士の弱め合いが起こり，**図5-6**に示すように干渉縞のコントラストが低下します。

光源が大きさを持っている場合，光源全体を上下対称な2つの点光源のペアの集まりと考えることができ，光源の大きさが大きいほど干渉縞のコントラストが低下します。この関係から，干渉縞のコントラストを解析することで光源の大きさを逆に測定することも可能で，実際この原理を用いた**マイケルソンの天体干渉計**では，星の大きさ（視

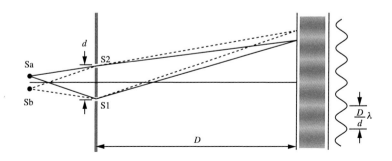

図5-6　ヤングの実験による干渉縞の強度分布

直径)を測定することができます。

4 薄膜の反射光の干渉

水面上の油滴やシャボン玉の色付きなどを説明するために,薄膜の表裏面での反射光が干渉する様子を調べてみましょう。**図5-7**に示すように,屈折率がnで厚さがdの薄膜に,空気中から波長λの平面波が入射角θで入射した場合を考えます。入射光線ABの一部は薄膜表面上の点Bで反射しますが,残りの部分は射出角θ'で屈折してから裏面上の点Dで反射し,再び表面上の点C'で屈折して空気中に射出します。この光線と点C'で反射する入射光線A'B'が干渉する様子を見てみましょう。

薄膜内の光線BD上に点C'と同じ波面上にある点Cをとり,点C'と薄膜の裏面に対して対称な点Eをとります。二等辺三角形DEC'と直角三角形CEC'に着目すると,裏面で反射した光線と表面で反射した光線の光路の差CD + DC'はCEに等しく,その長さは$2d\cos\theta'$になり

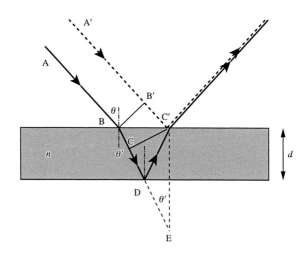

図5-7 薄膜による光の干渉

ます。これを波長を単位とした薄膜内での光路長で表すために，屈折率nの媒質中での波長λ/nで割ると

$$2nd\cos\theta' / \lambda \tag{5-6}$$

となることが分かります。

　一方，点C'での反射のように屈折率の小さな媒質（ここでは空気）から入射した光が屈折率のより大きな媒質（ここでは薄膜）で反射する場合には，反射光の位相は入射光に対して半波長分だけずれる，すなわち山は谷に，谷は山に位相が反転するため，2つの波が最も強め合う条件は，任意の整数をmとして，

$$2nd\cos\theta' = \left(m + \frac{1}{2}\right)\lambda \tag{5-7}$$

となります。

　このように，位相が反転するような反射（屈折率小→大）を「固定端での反射」または**固定端反射**といいます。一方，位相が入射波と同じままで反転しない反射（屈折率大→小）のことを「自由端での反射」または**自由端反射**といいます。図5-8に固定端反射での位相の反転の様子を簡単に示しました。

　式（5-7）の条件は入射光の波長λだけでなく，観察する角度θにも依存するので，入射光に様々な波長の光が混ざっているときには，観察する角度によって異なる色が見えます。

　シャボン玉の色付きは，以上のように干渉現象として理解できるこ

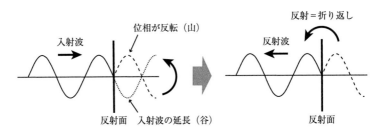

図5-8　固定端反射で位相が反転する様子

とがわかります。水面上の油膜の場合には色づいた明暗の縞模様が観察されます。これは，場所によって膜厚dが大きく異なることで干渉の次数mが変化するためと解釈できます。

5 反射防止膜

前節の解析の応用として，反射防止膜の原理について見てみましょう。カメラ用などのレンズでは，収差を小さくするために何枚ものレンズが使われていますが，各々のレンズの表面で光の一部が反射して光量の損失が起こります。一般に媒質の屈折率をnとすると空気中からこの媒質の表面に垂直に光が入射したときの反射率Rは

$$R = \left(\frac{n-1}{n+1}\right)^2 \tag{5-8}$$

となることが知られています。ガラスの屈折率を$n=1.5$とすると反射率Rは4％という値になりますが，仮にレンズが5枚使われていたとすると面数は10面になり，全体では，$1-(0.96)^{10} \sim 34％$もの光量損失になってしまいます。それ以外にも撮像面やレンズ面での反射光の一部が他のレンズ面で再び反射し，結像のための本来の光路を経ることなしに不要光として撮像面に到達し，フレアーやゴーストと呼ばれる現象を引き起こす原因になります（**図5-9**）。

レンズ面でのこうした表面反射を抑えるための反射防止膜として，最も簡単な構成の単層膜について考えてみます。**図5-10**に示すように，屈折率がnのガラス基板（レンズ）の上にガラスより低く空気より高い屈折率n'の透明な膜が形成されているとします（すなわち$1<n'<n$）。

光が膜に垂直に入射すると，その一部は膜の表面で反射し，透過した光の一部がまた膜とガラス基板の境界面で反射します。このときは膜の表面での反射だけでなく境界面での反射も固定端反射で，位相が反転することから，式（5-7）で垂直入射（$\theta'=0$）の場合，すなわち，（nをn'に置き換えて）

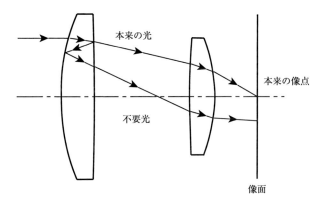

図5-9　レンズの不要光のイメージ

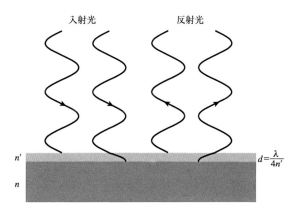

図5-10　単層反射防止膜の原理
薄膜の表裏面での反射光が打ち消し合う

$$d = \left(m + \frac{1}{2}\right)\frac{\lambda}{2n'} \tag{5-9}$$

のとき，反射光は干渉によって最も弱められることになり，特に $m=0$ の場合，膜厚 d が膜内での波長 λ/n' の1/4になります。カメラレンズのように白色光で使われるような場合には，特定の波長以外では最適な条件から外れ，反射率がより高くなります。さらに反射光の強度が干渉によって0になるには式（5-9）に加えて，

$$n' = \sqrt{n} \tag{5-10}$$

の条件が必要であることが知られています。

　単層の反射防止膜は，広い波長域で反射率を抑えることが難しいことや，式（5-10）で与えられるような低屈折率の薄膜材料が少ないことなどの問題があり，現在ではこうした点を改良できる多層の反射膜が広く使われています。

　干渉を応用した薄膜には反射防止だけでなく，誘電体ミラーの反射率向上（増反射），また特定の波長域の光だけを通過させるような光学フィルターや偏光フィルターへの適用など多岐にわたる応用があります。

6 ニュートンリング

　球面レンズ研磨の検査法によく使われる干渉縞に，**ニュートンリング**とよばれるものがあります。**図5-11**に示すように平面のガラス板上に中心が点Oで曲率半径がRの大きな球面が点O′で接しているとします。

　上方から光が入射するとその一部は球面S1上の点Aで反射し，透過した光は平面S2上の点Bで反射して再び球面S1に達します。球面の曲率半径が大きいので，S1で反射した光とS2で反射した光は平行であると考えます。点O′からrだけ離れた位置での空気間隔dは，

$$d = R - \sqrt{R^2 - r^2} \doteqdot \frac{r^2}{2R} \tag{5-11}$$

と近似できるので，S1での2つの光の干渉によってできる暗環の位置は

$$r_m = \sqrt{m\lambda R} \quad (m：0, 1, 2, \cdots) \tag{5-12}$$

となり，回転対称軸OO′を中心に同心円を描きます（**図5-12**）。このパターンをニュートンリングと呼びます。これは2つのガラス面に挟まれた間隔（の2倍）の等高線を，波長を単位として描いたものに相

当します。

　ニュートンリングの中心付近では空気間隔が0となっているので，干渉は起きず，S2で反射した光で明るくなるように思われるかもしれませんが，実際には暗縞（暗部）となっています。これはS2での

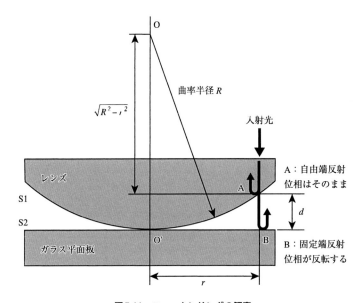

図5-11　ニュートンリングの観察
実際には球面の曲率半径は非常に大きいため，dは波長の数倍程度である。

図5-12　ニュートンリング
図5-11を上から観察したところ

反射が固定端反射となり，位相の反転が起こっているためです。

この方法によれば，干渉縞の位置や本数から球面の曲率半径を求めることができます。レンズ研磨の現場では，目標とする曲率半径を持った基準球面（**ニュートン原器**と呼ばれます。）に加工中のレンズ面を軽く押し当てることによって基準球面からの曲率半径の差や面形状の微妙な歪みの有無を検査することが行われています。

7 干渉計

光の干渉を応用した機器の例として，物の長さや透明な物体の屈折率分布，光源の波長分布などを測定することのできる干渉計を取り上げましょう。

図5-13は有名な**マイケルソン干渉計**の構成を示したものです。光源からの光をビームスプリッターBSで分割し，それぞれの光を反射ミラーM1，M2によって反射させ，再びBSで合成し干渉を起こさせます。2つの光路の長さをほぼ一致させ，M2を光路に沿って動かすと，

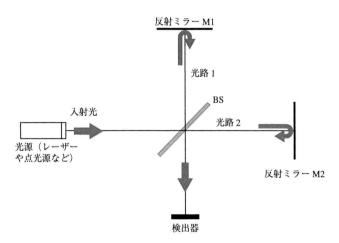

図5-13　マイケルソン干渉計の構成
入射波はまずBSで2つに分岐され，各ミラーで反射後，
再びBSで合成されて，検出器へ向かう。

半波長移動するごとに干渉強度が最大になるので，その移動距離を精度よく測定することができます。

　この干渉計を用いて1881年以降「マイケルソン・モーリー」の実験が，当時光を伝達する媒質であると信じられていた「エーテル」を検出する目的で行われましたが，実際はそのような媒質は検出されませんでした。この実験が契機になり，全ての慣性系で真空中の光速度が一定であるということが分かってきたのです。

　また，最近になって初めて存在が確認された「重力波」の観測にも，長さが数kmにも及ぶ真空に密閉された光路を持った，巨大なマイケルソン干渉計が使われました。この干渉計には，波長変動を究極まで抑えた特殊なレーザー光源と，温度変化による変形が小さいサファイア製の反射ミラーが用いられました。

　マイケルソン干渉計では，光源が単色光でない場合，それぞれの波長の干渉強度が重ね合わされて観測されますが，得られた信号をフーリエ解析することによって光源の波長（周波数）分布を求めることができます。このような手法のことを**フーリエ分光法**といいます。

　もう1つ代表的な干渉計として**マッハツェンダー干渉計**（**図5-14**）があります。この干渉計は2つのビームスプリッターと2つの反射ミ

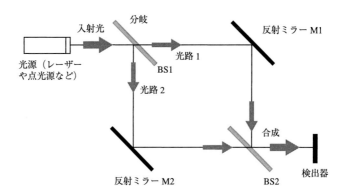

図5-14　マッハツェンダー干渉計の構成
入射波はまずBS1で2つに分岐され，各ミラーで反射後，
再びBS2で合成されて，検出器へ向かう。

ラーで構成されています。2つの光路の一方に屈折率分布を知りたいガラス板を，もう片方に屈折率分布の無いガラス板を挿入することによって，干渉縞から屈折率の分布を計測することができます。

8 定在波

ギターや三味線などの弦楽器では，弦の両端が固定され，指やばちなどによって適当な位置で初期変位が与えられることによって弦が振動し楽音が生じます。このような振動は，**図5-15**に示すように空間的な変位は振幅方向に変動しつつも，波全体は止まっていて左右に進むことはありません。

一般にこのようなものも波の一種と考えられており，**定在波（定常波）**といいます。時間的に変位が常に0となる点のことを定在波の「節」，変位が最大となる点のことを「腹」と呼びます。弦の長さをLとすると，振幅部分の波長は$\lambda=2L/m$（m：1, 2, 3…）となり，mの値は腹の数に一致します。

この場合の端点は振動の変位ができないように固定された，いわゆる「固定端」となり，反射時に山は谷に，谷は山に位相が瞬時に逆転します。逆に，入射波と反射波の位相が反転し互いに打ち消されるた

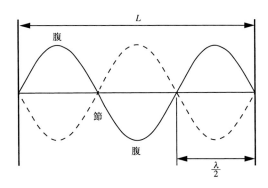

図5-15 弦の定在波（$m=3$の場合）
点線は半周期後の時刻での弦の変位を表している。

めに，これらの波が重なってできた定在波の変位は端点で必ず節になるのだ，と考えることもできます。

　弦楽器ではこのように弦の作る横波が，空気中を進む音の波に変換され，私たちの耳に届きます。よく知られているように，$m=1$に対して$m=2$は「1オクターブ（8度）」高い音に対応し，$m=3$はさらに5度高い音（$m=1, 2$が「ド」の音ならその上の「ソ」の音）に対応します。実際には，最も大きな振幅を持つ$m=1$の波に，小さな振幅を持つ$m=2$以上の波が，**図5-2**に示したようにいくつも重なって，楽器毎に個性を持った音色が作り出されます。

　さて，上記の説明は弦楽器の弦の定在波をイメージしたものでしたが，光の場合にも同様な現象が起こります。**図5-16**に示すように空気中に屈折率$n>1$の媒質でできた長さLの平行平面板があって，その内部で発生した波長λ/nの光が2つの境界面の間で反射を繰り返しているとします。この場合は，どちらの境界面での反射も自由端反射に相当し位相の反転は起こりませんが，弦の場合と同様に，波長λ/nと長さLの間の関係$\lambda/n=2L/m$を満たすような定在波が内部に存在することが可能です。ただし端面での変位は腹になります。

　実際には境界面での透過成分も大きいので，定在波が内部で長時間

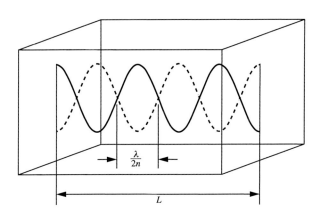

図5-16　平行平面板の内部での光の定在波（$m=5$の場合）
点線は半周期後の時刻での波の変位を表している。

存在するためには，発光が連続的に行われるか外部から光を注入し続ける必要があります。このような原理や構造は，**ファブリーペロー共振器**ともいわれ，半導体レーザーの共振器としてもよく使われています（第17，18章を参照してください。）。

（宮前 博）

---

coffee break 5-❶

　この章の中で，シャボン玉の色付きやニュートンリングが光の干渉によって起こることの説明をしました。ではどうして，レーザー光などに比べて干渉が起こりにくい白色の太陽光や，点光源でない蛍光灯の下で干渉現象を観察することができるのでしょうか。これには主に2つの要因があると考えられます。

　1つは干渉する2つの光の光路差に関することです。薄膜の場合もニュートンリングの場合も光路の差は高々波長（例えば0.5 μm）の数倍にすぎません。太陽光は単色光でなく色々な周波数（波長）成分を持っているためにレーザー光に比べれば可干渉性はあまり良くありませんが，そのコヒーレンス長は前述したように数μmと，光路の差に比べれば十分長いのです。

　もう1つの要因は検出器としての眼の瞳孔の大きさです。これが小さいために，光源が大きさを持っていても，そのごく小さな部分から出た光だけが瞳孔を通過することで，干渉条件を満たし，可干渉性の良い状況が実現されていると考えられるのです。

第6章

波としての光（3） 回折

1 開口による光の回折

　光を波と考えたとき，第4章の**図4-2 (b)**で示したように，衝立の開口（穴）を通過した光は，水の波と同じように衝立の裏側に回り込み，開口の近くにあるスクリーン上では開口より少し大きくなり，端の方がぼけた形になります。このような現象を**回折**と呼ぶのですが，『波は単独で進むのではなく，多くの微小な波の重ねあわせの結果として伝搬する』という「ホイヘンスの原理」から容易に説明できます。**図6-1**に示すように，入射する平面波が開口を通過したとき，開口の端以外から出た2次波はその包絡面として平面波を作りますが，開口

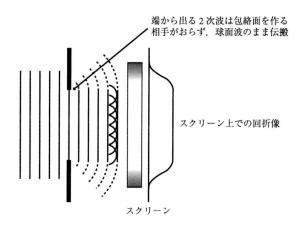

図6-1　幅のある開口による回折−スクリーンが近い場合
（ホイヘンスの原理から考えることができる回折現象）

の両端から出た2次波は，包絡面を作ることができる他の2次波と出会うことなく，球面波のまま進むからだと考えられるからです。

さて，ここまでは開口の近くでの回折を説明しましたが，**図6-2**のように開口からスクリーンが遠く離れたところでは，少し様子が異なります（ここでは開口として，1次元の幅の広いスリットを考えます。）。スクリーン上では，中央付近が明るく，周辺に行くに従って周期的な明暗のパターンが回折像として観察されます。なお，この中央の明るい部分は開口の幅によって変化し，幅が狭いほど広くなります。

このような現象はホイヘンスの原理だけでは説明ができませんが，周期的なパターンの出現は第5章で述べたヤングの干渉縞を思い出させます。回折現象に干渉現象が関わっているのではないかと考えるのは自然な発想です。

実際，この推測は正しく，19世紀の初めフレネルは，「波面から離れた任意の点における光の振幅（変位）は元の波面によって生じるすべての2次球面波の重ね合わせである。」という仮定をホイヘンスの原理に追加することによって，光の回折現象を定量的に説明することに成功し，光の波動説の正しさを裏付ける決定的な要因となりました。ホイヘンスの原理をこのように拡張した考え方は「ホイヘンス－フレネルの原理」と呼ばれています。

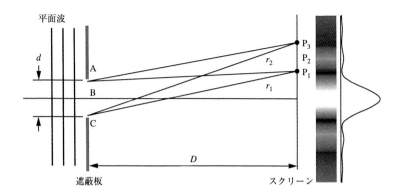

図6-2　幅のある開口による回折－スクリーンが遠い場合

この原理を開口による回折に改めて適用して，第5章で説明したヤングの干渉実験と比較してみましょう。ヤングの干渉実験では，2次球面波を発生させるのは2つのスリットで，それぞれを光源とする2つの球面波のスクリーン面での干渉を考えましたが，幅のある開口による回折では，**図6-2**の開口上のすべての点から発生した2次球面波の干渉を考えることになります。

開口の両端の点A，点Cからスクリーン上の点P_1までの距離をそれぞれr_1，r_2とします。もしこれらの光路差r_2-r_1が1波長（1λ）だったとすると，点P_1での強度はどうなるでしょうか。ヤングの干渉実験では，開口の端の2点からの2次球面波の寄与だけを考えたため点P_1は明るくなりましたが，実際は点Aから点Cまで全体が開口の場合には点P_1は暗くなります。この理由を考えてみましょう。

開口上の点Yを点Aから点Cに連続的に移動させたとき，点Yから点P_1に到達する光の位相は0から2πまで変化し，振幅は**図6-3 (a)**のように変化します（但しこの図では点Yが点Aに一致するときの振幅が0となるような瞬間の様子を示しています。）。従って，ホイヘン

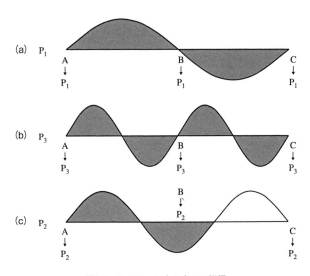

図6-3　スクリーン上の点での振幅

スーフレネルの原理によれば，開口全体での回折による点P_1での振幅は，**図6-3 (a)** の値を点Aから点Cまで積分すればよいことになりますが，この値は対称性から0となるために点P_1は暗くなります。点Yが点Aに一致するときの振幅が0になる瞬間以外の場合でも同様です。

　光路差r_2-r_1が2波長（2λ）の場合（点P_3）や3波長（2λ）…の場合も**図6-3 (b)** をみれば全く同じ事情で，点P_3は暗くなります。しかし点P_1と点P_3の中間にある点P_2については，**図6-3 (c)** のように積分しても0にならず，その分明るくなります。開口による回折像とヤングの干渉実験の干渉像の明暗が，点Oを別として互いに逆の配置になっているのはこのような理由からなのです。一方，スクリーン中央の点Oは，上下の対称性から，距離の等しいペアとなる光路に対する振幅が重ね合わされるため，スクリーン上最も明るい点になります。

　実際に積分計算を実行すると，

$$D \gtrsim d^2/\lambda \tag{6-1}$$

が成り立つ領域では，中心からm番目$m \neq 0$の暗線が，

$$\sin\theta_m = m\lambda/d \tag{6-2}$$

の条件で現れます。

　ここで$D \gg x$，すなわち$\theta \ll 1$のときには$\sin\theta \fallingdotseq \tan\theta = x/D$と近似できて，

$$x_m = (D/d)m\lambda \tag{6-3}$$

と変形されます。このときのスクリーン上での強度分布を表したものが**図6-4**になります。

　式（6-3）から干渉縞の隣り合う暗線の間Δxと波長λの間には，

$$\lambda = (d/D)\Delta x \tag{6-4}$$

の関係が成り立ちますが，ヤングの干渉実験の時と同様，これによって光源の波長を間接的に測定することができます。

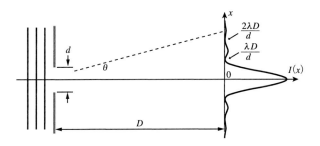

図6-4 開口によるフラウンホーファー回折像（$D > d^2/\lambda$）

2 レンズの分解能

式（6-1）の成り立つ領域での回折を**フラウンホーファー回折**といいます（数学的にいうと，式（6-1）は像の振幅分布が開口の振幅分布の「フーリエ変換」で近似できる条件です。これに対し，$D \lesssim d^2/\lambda$ が成り立つ領域での回折を**フレネル回折**といいます。）。特に開口の大きさが波長に比べて大きく，$d \gg \lambda$ が成り立つ場合にはフラウンホーファー回折の条件は $D \gg d$ と等価になります。例えば $\lambda = 0.6\ \mu\text{m}$，$d = 6$ mm のとき，式（6-1）の右辺 d^2/λ の値は 60 m となり，d に比べ非常に大きな値になります（このとき式（6-3）の値は，$x_1 = (D/d)\lambda = 6$ mm となります。）。一方，G を定数として $d = G\lambda$ が成り立つ場合には式（6-1）は $D \gtrsim G^2\lambda$ と等価になります。このような例を本章の最後に取り上げます。

実際の実験では，開口の大きさと同程度の近い距離で観察したいこともあります。そのような場合には**図6-5**に示すように，開口全体をカバーできる大きさの口径を持つ凸レンズを開口の後に置くことによって，遠方にできた回折パターンをレンズの後側焦点面近傍に結像させることができます。

図6-4において $d \gg \lambda$，従って $D \gg d$ が成り立つ場合には，開口上の任意の点Bから出て遠方のスクリーン上の位置 x に向かう光線の傾角 θ は点Bの位置によらず一定で光線は互いに平行です。この平行な光

線束は**図6-5**のように，開口の後ろに焦点距離 f のレンズを置かれると焦点面上高さ $y = f \cdot \tan\theta$ の位置に結像点を作ります。$\theta \ll 1$ のときには $\sin\theta \fallingdotseq \tan\theta$ と近似できるため，式（6-2）は

$$\tan\theta_m = m\lambda/d \tag{6-5}$$

と置き換えることができ，焦点面上で

$$y_m = f \cdot \tan\theta_m = (f/d)m\lambda \quad (m = \pm 1, 2...) \tag{6-6}$$

の位置で干渉縞強度の極小値0をとり，暗線となることが分かります（同様の配置をヤングの干渉実験（2つのスリット）に適用すると，対応する位置（$m = 0, \pm 1, \pm 2...$）での強度は，逆に極大値をとり，明線となります。）。

このように，遠方にできた開口による回折像を，レンズによってその焦点面に引き寄せることができることがわかりましたが，この回折像は，直径が d の口径を持つレンズによる，「無限遠にある点光源の像」（**点像**と言います。）とみなすこともでき，レンズの**点像強度分布**とも呼ばれます。レンズの「Fナンバー」は $F = f/d$ と定義されますが，式（6-6）の第一の暗点の位置（$m=1$）は $y_1 = F\lambda$ となり，物体が大きさを持たない点光源であっても，その点像は片側で $F\lambda$ 程度の大きさを持

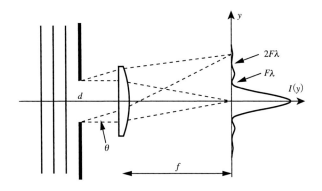

図6-5 レンズを置いたときの開口の回折像

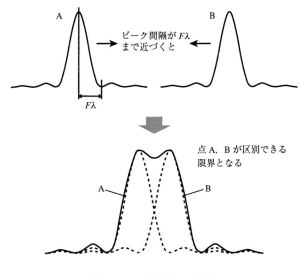

図6-6 レンズの点像の重なり

つということになります。

　ここで，点光源の点像がある大きさを持っているというのは，レンズの収差によるものではなく光の回折によって起こる現象である，ということに注意してください。そしてこのことは，無収差のレンズの分解能や解像にも限界があることを表します。例えば像面上に2つの近接した点像があるとします。これらはそれぞれ**図6-5**に示したような広がりを持ちますから，これらのピーク間隔を$F\lambda$まで近づけと，**図6-6**の下側に示すように2つの点像が分解できる（＝区別できる）ぎりぎりの限界と思われる状態になります（この状態を「レイリーの解像限界」と言います。）。

　これまで簡単のため，開口やレンズ，スクリーンを全て1次元で表してきましたが，2次元の場合にもほぼ同様の議論が成り立ちます。ここでは参考のために，1次元のスリット開口の場合（**図6-5**）に対応する，2次元の円型開口とレンズによる回折像の様子を**図6-7**に示します。1次元では第1暗点は$y=F\lambda$の位置にありましたが，2次元の

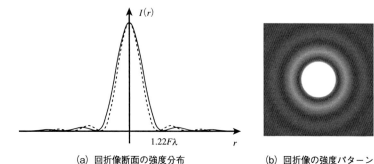

(a) 回折像断面の強度分布　　　　　(b) 回折像の強度パターン

図6-7　2次元の円型開口のレンズによる回折像
1次元のスリットの場合（点線）に比べて分布の広がりがやや大きい

場合に第1暗環は$r=1.22F\lambda$の位置になることが知られています。中心の明るい部分は**エアリーディスク**と呼ばれています。

3 回折格子

　回折格子とは衝立状のスリットやカバーガラス，プリズムを周期的に並べたもので，**図6-8**に示すように，振幅型や位相型，ブレーズ型などいくつかの種類があり，目的に応じていろいろな光学機器に用いられています。ここでは，ヤングの実験で使われたような細いスリットが等間隔に無数刻まれた，振幅型の回折格子の働きを調べてみましょう（なお，各回折格子の種類としては，さらに透過型と反射型に分かれますが，ここでは透過型を考えます）。

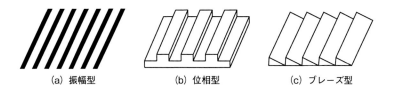

(a) 振幅型　　　　　(b) 位相型　　　　　(c) ブレーズ型

図6-8　回折格子

図6-9のように,遠方の点光源から来た平面波が,回折格子のある衝立に垂直に入射したとします。衝立の後からは各スリットを2次光源とした球面波が無数に射出し,それらの包絡面としての平面波は,衝立に平行なものだけではなく,特定の離散的な角度を持ったものが複数出てくることが分かります。

このような平面波が形成されるためには,隣り合った2つのスリットから出る光の位相が揃う必要がありますが,そのための条件は,スリット間隔をd,mを任意の整数,θ_mを平面波が射出する方向角とすると,

$$d \cdot \sin\theta_m = m\lambda \tag{6-7}$$

となります(回折格子の場合には,スリット間隔dは**格子定数**,方向角度θ_mは**回折角**ともよばれます)。

式(6-7)は第5章のヤングの実験で出て来た式(5-3)と同じ形です。但し,ヤングの実験ではスクリーンでの干渉縞の濃淡は正弦波状で連続的でしたが,上記の回折格子では,特定の方向にのみ回折光が存在

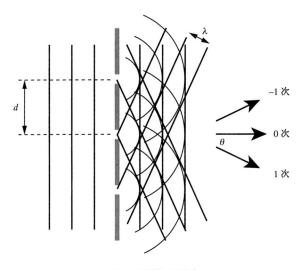

図6-9 回折格子の働き

し，その角度分布は**図6-10 (a)**のように離散的なものになります。m のことを一般に回折格子の**回折次数**といいます。

スリットの間隔をdに保ったまま，その数を5個とした場合の回折光の角度分布を**図6-10 (b)**に示しました。この場合にも角度依存性に周期性が見られますが，各次数の回折光に片側$\lambda/5d$程度の広がりが見られることが分かります。

これまで，光源が単波長の場合を考えて来ましたが，回折格子ではその波長特性も重要です。式（6-7）をみると回折角は波長に比例して大きくなることが分かります。**図6-11**のように，普通のプリズムに白色光を入れると，一般に波長が短いほどプリズムによる屈折角は大きくなりますが，回折格子の場合は波長が長いほど回折角が大きくなります（**図6-11 (b)**では1つの次数の回折光だけを記述していることに注意してください。）。

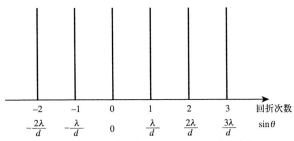
(a) スリットが間隔dで無限個並んでいるときの角度分布

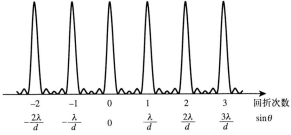
(b) スリットが間隔dで5個並んでいるときの角度分布

図6-10　多スリット型の回折格子の角度分布

第6章 波としての光（3） 回折

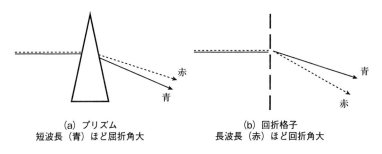

(a) プリズム
短波長（青）ほど屈折角大

(b) 回折格子
長波長（赤）ほど回折角大

図6-11　プリズムと回折格子による分散の違い

やってみよう！実験　6-❶

　OSAの実験キットの中に位相型の回折格子があります。これに目に近づけて蛍光灯やLEDライトを見ると，ずれた位置に色づいた蛍光灯やランプをいくつも見えることを確かめてみてください。

4　回折の応用

　回折の応用の1つとしてCD（コンパクトディスク）やBD（ブルーレイディスク）などの光ディスクがあります。光ディスクには**図6-12**に示すように，レーザーの集光スポット径よりも狭く，波長程度の幅を持った，ピットと呼ばれる微小な突起が，らせん状に多数作られています。半導体レーザーから出た光はレンズでディスク面に集光され，ピットのないところ（ランド）では強い反射光が戻りますが，ピットのあるところでは回折の影響で，反射光が弱まります。この反射光の強弱が電気信号に変換され，音楽，映像，データなどの再生が行われます。ピットの高さhは，ディスクの保護層の屈折率をnとするとき$h=\lambda/(4n)$となっています。このときピット底面からの反射光とランド表面からの反射光の間に空気中の波長に換算して$\lambda/2$の光路差が付

くので，ピットのあるところでは干渉の結果，反射光が弱まると考えることもできます（光ディスクについては第16章で説明していますので参照してください）。

また，最近の応用例として，**図6-8 (c)** に示したようなブレーズ型の回折格子のレンズ系への適用があります（**図6-13**）。

これは**位相フレネルレンズ**という別名で呼ばれることからわかるように，回転対称なレンズ面を複数の輪帯に分け，波長の整数倍のわずかな段差を付けた形状になっていて，隣り合う輪帯から射出される波面の位相が連続になるように設計されています。このようなタイプの回折レンズは，通常の屈折レンズと同様な使い方ができるうえに，回折格子特有の分散特性により，色収差の精密な補正に威力を発揮します。さらに，**図6-11** で示したように，回折格子の

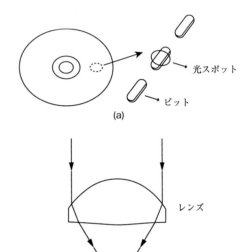

図6-12　光ディスクの構造

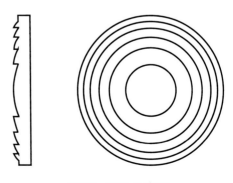

図6-13　回折レンズの例

持つ分散性と段差を刻まれる基材の分散性が一般に異なるため，広い波長域に対して回折効率を高く保つことが難しいのですが，近年この課題を克服する技術が開発され，当初の応用である光ディスク用の対物レンズに加えて，デジカメ用の交換レンズや顕微鏡などに盛んに応用されるようになってきています。

また，隣り合う輪帯から射出する波面の位相を意図的にずらすことにより，射出光を複数の光線に分離することも可能で，このような機能を持つ回折レンズは，水晶体の代替となる遠近両用の眼内レンズとしても応用されています。

(宮前 博)

もっと知りたい！ 6-❶ －近接場光－

多スリット型の回折格子において，スリット周期 d が波長 λ に対して小さいときを考えてみます。式 (6-6)：$d \cdot \sin\theta_m = m\lambda$ で，1次回折光 ($m=1$) を考えると，$d<\lambda$ のとき光はスクリーンに向かっては伝搬できなくなります。

この場合回折光は平面波のように空間全体に広がった波にはなれず，格子に沿った方向だけに，波長 λ よりも短い等位相面の間隔 $\lambda_\parallel$（ここでは「実効的な波長」と呼ぶことにします。）をもつ波となります。しかし格子に直交した方向には伝搬せず，急激にその強度が減衰し，裾野の長さは波長程度に過ぎません（**図6-14 (b)**）。

通常の伝搬光の波長は，その場所での媒質の屈折率に反比例して短くなりますが，回折格子の近傍にはそのような媒質は存在しないのに，実効的な波長が短くなることに注意してください。

このような性質を持つ光のことを**近接場光**または**エバネッセント光**といい，伝搬方向が一定方向（今の場合，格子に沿った方向）に限定されていること，もしくは，最後の例でわかるように伝搬する方向が全くないことに特徴があります。

近接場光は，プリズム等の全反射の起きている境界面の裏側にも，

滲み出すように存在します。ところが，もし全反射面から波長程度の極めて薄い空気層を隔ててプリズムの底面を配置すると，**図6-15**のように再び伝搬光として取り出すことができます。これは一見非常に不思議な現象に見えますが，全反射面の裏面の空気中では，境界面方向の実効的な波長が短かすぎて近接場光としてしか存在できなかった光が，プリズムの高い屈折率を得て，再び短い波長の伝搬光としての自由を得たのだと解釈することができます。

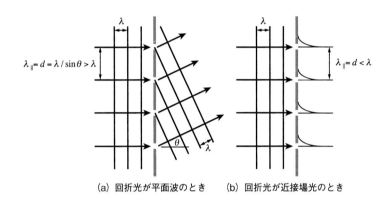

(a) 回折光が平面波のとき　　(b) 回折光が近接場光のとき

図6-14　回折格子による回折光
(b) では回折光の強度が格子の裏側で減衰する様子を模式的に表わす。

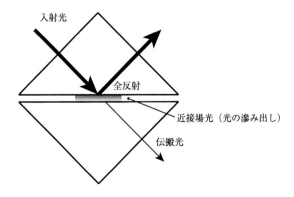

図6-15　全反射に付随した近接場光の取り出し

第6章 波としての光（3） 回折

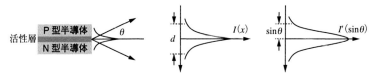

(a) 半導体レーザーの構造　(b) 断面・端面での強度分布　(c) 射出光の広がり

図6-16　半導体レーザーと近接場

　近接場は半導体レーザーや光ファイバーにも応用されています。半導体レーザーは通常，活性層と呼ばれる波長の数分の1程度の厚さの屈折率の比較的高い部分を，少し屈折率の低い2つの層（P型およびN型半導体）が挟むような構造をとります（**図6-16 (a)**）。そしてレーザーの長手方向には前章で紹介したファブリ－ペロー共振器が構成され，端面の一方から空間中に位相の揃った光を取り出しています。この場合の共振器内の定在波の（実効的な）波長は，活性層よりも低い屈折率を持つP/N型半導体内に染み込んだ近接場に引きずられるように，活性層の屈折率で決まる値よりも一般に大きくなります。

　活性層の厚みが波長に比較して十分に薄い場合，断面および射出端面での光の強度（**近視野像**とよばれます。）は，

$$I(x) \propto \exp(-4|x|/d) \tag{6-8}$$

と近似され，**図6-16 (b)** に示すように，屈折率の低い層にすそ野をひいた近接場となります。ここでdは右辺の値が$1/e^2 \fallingdotseq 0.14$となるようなビーム幅を表わし，通常波長$\lambda$程度の広がりを持ちます。これに対する射出光の遠方での強度分布（**遠視野像**とよばれます。）は，近視野像のフラウンホーファー回折として計算でき，その結果は角度変数（片側）をθとして

$$I'(\sin\theta) \propto 1/\left(1+\left(\pi d \sin\theta/\lambda\right)^2\right)^2 \tag{6-9}$$

となります（**図6-16 (c)**）。右辺の値が例えば$1/2^2=0.25$となる角度θは，

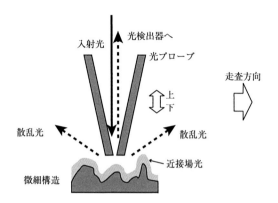

図6-17 近接場光の検知・走査による微細構造の解析（近接場光学顕微鏡）

$$\sin\theta = \lambda / (\pi d) \qquad (6\text{-}10)$$

となり，係数を除いて式（6-2）と同じ形の関係式が得られます。Gを適当な定数として$d=G\lambda$と置くと，式（6-1）（$D \gtrsim d^2/\lambda$）は$D \gtrsim G^2\lambda$と書き換えられ，$d \gg \lambda$の場合とは異なり，式（6-9）や式（6-10）がレーザーの射出端面からあまり離れていない距離で成り立つことが分かります。

近接場は，波長よりも小さな粒子や微細な構造を持つ物体の周りに，波長程度の厚みを持って減衰する場として，まとわりつくこともできます。このような状態となった近接場光は，もはやどの方向にも伝搬することが出来ず，波長程度の厚みの光の衣を微小構造の上にまとわせた様態をとります。

図6-17のように，波長よりも微小な開口を持つ光プローブでこのような近接場光を散乱させることで，伝搬光として取り出すことができます。プローブを，近接場光との距離を一定に保つように上下させながら走査することによって，物体の微細な形状を調べることができます。このような方法は「近接場光学顕微鏡」として実用化されています。

第7章

波としての光（4） 偏光

偏光とは何でしょうか。文字の意味から考えてみると，偏った光ということになります。ではいったい何が偏っているのでしょう。英語で言うと polarization あるいは polarized light になりますが，polar は「極」という意味で，もうこれ以上ない一番端，一番極端なところ，という意味ですから，やはり偏っているというような意味合いになります。偏光は光の波としての性質の一つで，これを知ることで光の様々な面白い振る舞いが理解できるようになります。この章ではこの偏った光，偏光について解説します。

1　身近な偏光の例

　釣りやスキーをする方は「偏光サングラス」をご存知でしょう。また写真を撮るときに「**偏光フィルター**」を使ったことのある方もいらっしゃるかもしれません。偏光サングラスは，水面や雪面からの光の**反射**を抑えて，眩しさを和らげる効果があります。偏光フィルターも，水面やガラス面からの反射光を抑える効果があります。

　例として偏光フィルターをつけてカメラで水面に浮かぶ蓮の花を撮った場合を見てみましょう（**図7-1**）。カメラ用の偏光フィルターはレンズに着けた状態でくるくる回すことができます。カメラのファインダーを覗きながら，あるいは背面液晶の画面を見ながら偏光フィルターを回してみます。すると水面からの反射光の強さが徐々に変わっていくことが分かります。偏光フィルターを回して，水面からの反射光が最も強くなった状態で撮った写真が**図7-1 (a)**，弱くなった状態

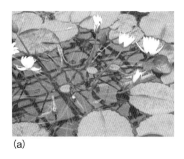 

(a)　　　　　　　　　　(b)

図7-1　水面からの反射光の様子（口絵参照）

の写真が**図7-1 (b)**です。前者では水面からの反射光が強いために，水面が鏡の役割をしていろいろなものが写り込み，水中の様子はわかりにくくなっています。一方後者では反射による写り込みがほとんどなく，水面は黒っぽく，また水中の蓮の茎がくっきりと写っています。

偏光フィルターをお持ちの方は，ぜひ実際に試してみてください。偏光サングラスでも同じことは観測できます。サングラスは顔に掛けず手に持って，向きをくるくる回してみてください。水面を用意しなくても，テーブルの表面や本やノートの表紙など，光沢のある平面を使えば，反射光の強さが偏光フィルターやサングラスの向きによって変わることが観察できます。

ここまでの事実から，水面からの反射光と，花や葉っぱからくる光は何らかの性質が違っているはずだ，ということが分かります。

2　直線偏光

以上のような現象は，偏光によって説明がつきます。では偏光とはどのようなものなのでしょうか。

光は**電磁波**であり，かつ横波であるということを思い出してください。電磁波は**電気**と**磁気**の波という意味ですが，電気と磁気には大きさだけでなく，向きがあります。向きも含めた電気や磁気のことを，**電場**と**磁場**または電界と磁界などと言います。この章ではちょっと専

門的になりますが，電場と磁場という言葉を使うことにします。電場があると電子やイオンは力を受けます。磁場があると，磁石や電流の流れている電線が力を受けます。光がものに当たると温度が上がったり，太陽電池が発電したりする現象も，その起源をとことん掘り下げていくと，最後にはこの力に行きつきます。

2.1　x方向の直線偏光

さてここで光（電磁波）が空間を飛んでいく様子を絵に描いてみると，**図7-2**のようになります。光はz軸の正方向に進んでいます。電場と磁場はその強さが周期的に変化しており，しかも両者が最も強くなるところ，0になるところが一致しています。専門的にはこれを「**位相**」が同じ（同位相）と言います。光では電場と磁場はいついかなる時も常に同位相です。

光（電磁波）は横波なので，その進行方向と光の電場，磁場の向きは直交しています。しかも電場と磁場は大きさの比が常に一定で，向きも互いに直交しています。したがって，光の磁場は進行方向と電場が決まれば，大きさも向きも全部決まってしまいます。つまり光を考えるには，その進行方向と電場だけを考えれば良いことになります。この章の図解ではこれからは磁場は省略して描くことにします。図には無くても磁場は常に影のように電場のお供をしています。ただし忘れてしまっても特に問題は起こりません。ということで**図7-2**から磁場を消してしまいましょう。すると**図7-3**のようになります。

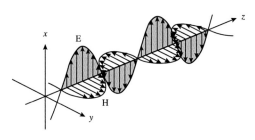

図7-2　電磁波が空間を飛んでいる様子

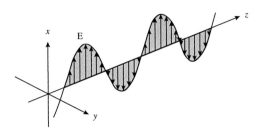

図7-3 電場だけの振動

　この図の場合，光の電場は常にx軸上でのみ振動しています。電場を表す矢印の先端は，時間とともに振動していますが，その軌跡はx軸上から外れることはなく，直線になります。このような光をx方向の**直線偏光**と言います。

2.2　一般の直線偏光

　光は横波なので，電場の振動方向は進行方向に対して垂直でなければなりませんが，別にx軸方向を向いている必要はありません。x–y

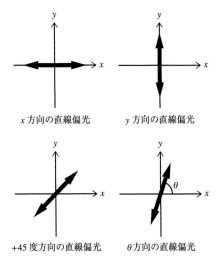

x方向の直線偏光　　　y方向の直線偏光

+45度方向の直線偏光　　θ方向の直線偏光

図7-4　様々な方向に振動する直線偏光。光は紙面から読者側に進行しているものとする。

平面内であれば360°どちらを向いていてもかまいません。電場の振動の向きとしては180°の自由度があることになります。y方向の直線偏光，±45°の直線偏光，一般にはθ°の直線偏光があり得ます。**図7-4**は**図7-3**の光が紙面からこちら側に向かって進んでくる様子を示したものです。太い両矢印は振動する光の電場を表します。

2.3　自然光

これでようやく偏った光の意味が分かったと思います。直線偏光とは，光の電場の振動方向がある一直線方向に「偏った」光なのです。太陽光や電灯の光などは電場の振動方向が偏っていません。「**自然光**」という言い方をする場合もありますが，電灯の光などは電場の振動方向が180°すべての方向にランダムに混ざり合った光になっています。紙面から読者の方向に向かってくる光について自然光の偏光を模式的に描くと，**図7-5**のようになります。平均をとると，すべての方向の直線偏光がランダムに含まれます。

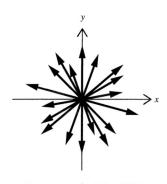

図7-5　ランダム偏光の模式図

3　偏光子

直線偏光についての説明が一通り済みました。次に**偏光子**を取り上げます。偏光子とはある特定の方向を向いた直線偏光だけを通す素子です。カメラの偏光フィルターや偏光サングラスはまさしくこの偏光子の一種です。

3.1　紐とすき間モデルによる偏光子の説明

偏光子の機能をモデルを使って説明してみます。ここでは光の波の

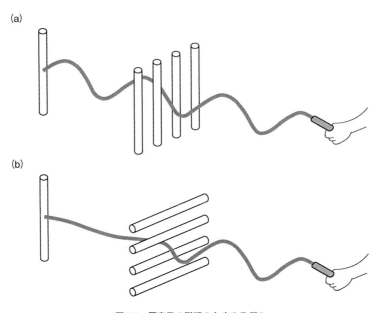

図7-6　偏光子の説明のためのモデル

かわりに，ひもをゆすって作る波を考えます。**図7-6**のようにひもを縦にゆすると，y方向の直線偏光の光と同じような波になります。ここで紐を細いすき間に通した状態でゆすってみます。すき間が波の振動方向と同じ縦方向を向いていれば，紐はすき間に邪魔されずに普通に振動させることができます（**図7-6 (a)**）。ところがすき間の方向を横方向にすると，紐はすき間に当たってしまい，波はすき間を通り抜けることができません（**図7-6 (b)**）。このすき間に相当するものが偏光子です。

3.2　焼き網モデル

また違ったイメージとしては火鉢に乗せる焼き網を想像してもよいでしょう（**図7-7 (a)**）。網目と平行に置いた菜箸は網のすき間を通り抜け落ちてしまいますが，網目と直角に置いた菜箸は網に乗っかったままです。

第7章 波としての光（4） 偏光

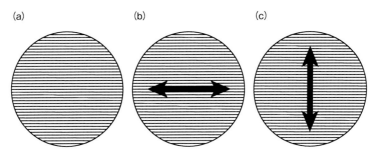

図7-7 偏光子のイメージ
(a) 焼き網モデル。網の方向を偏光子の方位という。
(b) 偏光子に入射する直線偏光の方向と偏光子の方位が平行の場合。光の透過率は100％。
(c) 同じく垂直の場合。光の透過率は0％。

3.3　直線偏光の透過率

　光の偏光子では焼き網の方向を，方位あるいは軸と呼びます（**図7-7 (b)**）。偏光子に入射する直線偏光の方向と偏光子の方位が平行の場合には光は100％透過します。垂直ならば透過は0％です。では直線偏光の方向が偏光子の方位に対して角度θだけ傾いていたらどうなるでしょうか。答えは焼き網モデルではうまく説明がつきません。この辺が焼き網モデルの限界です。実際に実験してみると，結果は**図7-8**に示すように透過した直線偏光の電場の向きは偏光子の方位と平行になり，透過する電場の大きさは入射した光の電場の$\cos\theta$倍

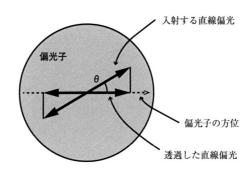

図7-8　偏光子に入射する直線偏光の方向が，偏光子の方位からθ傾いていた場合

になります。ちょっと気取った言い方をすると、ベクトルの射影成分ということになります。光のパワーは電場の2乗に比例するので、光の強さで考えた透過率は$\cos^2\theta$になります。例えば$\theta=45°$の場合は透過率は$\cos^2(45°)=1/2$になります。

ここは間違いやすいポイントです。偏光を考えるときは電場で考えるのが分かりやすいのですが、実際に測定器で測れるのは光の**パワー**です。電場は直接には測れません。ですから紙の上の計算と実際の計測結果を突き合わせるときには、測定結果は電場の2乗に比例するということをいつも意識してください。

3.4 自然光を偏光子に通すと

先に述べたように、自然光はランダム偏光です（**図7-5**）。様々な直線偏光が混ざっています。これを偏光子に通した場合を考えます。平均としてはθは0°から180°まで一様に分布していると考えられますから、平均をとります。光パワーの透過率は$\cos^2\theta$に比例しますから平均をとると、**図7-9**からわかるように1/2になります。また出力される直線偏光の向きは、偏光子の方位と一致します。

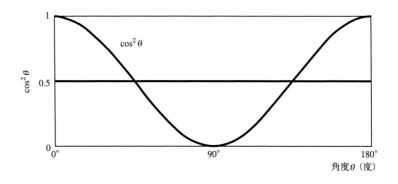

図7-9　$\cos^2\theta$の平均を求める

このように偏光子を使うと、自然光から直線偏光の光を作ることができます。また直線偏光の方向も、偏光子を回して決めてやることができます。

やってみよう！実験　7-❶　クロスニコルの実験

　OSAキットにある偏光子（偏光板）もしくは市販の偏光子を2枚用意します。まず自然光，例えば懐中電灯の光を一枚の偏光子P1を透過させます（**図7-10**）。するとこれまでの説明のとおり，偏光子を透過した光Aは直線偏光になります。偏光子の方位が分かっていれば直線偏光の方向もわかります。光のパワーの透過率は理論的には1/2ですが，現実の偏光子は少し損失がありますので，実際の透過率は1/2よりちょっと小さめになるでしょう。次にこの透過光Aをもう一枚の偏光子P2を通します。するとAは直線偏光ですから，偏光の方向と第2の偏光子P2の方位とのなす角θに応じて透過率が変化するはずです。偏光子P1とP2の方位が直交していれば第2の偏光子の透過率は0になります。この配置を**クロスニコル**の配置と呼びます。平行ならば第2の偏光子の透過率は1（実際は損失でちょっと小さめにはなりますが）になります。その中間は$\cos^2\theta$に比例した透過率になります。実際に実験で確かめてみてください。

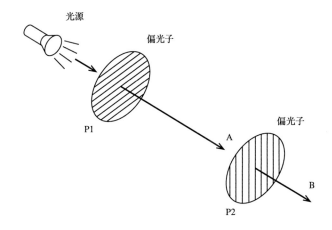

図7-10　クロスニコルの実験

4 平面での反射と偏光

さていよいよ最初の睡蓮の写真の違いの理由に近づいてきました。透明な物質の境界面での反射率には、偏光による違いがあるのです。このことから**図7-1**の写真の写りの違いが明らかになります。

4.1 水面での光の反射

水面での光の反射を考えます。入射光は斜め上方向から水面に当たっているものとします。このとき反射面（水面）と平行な方向に電場が振動する直線偏光は**s偏光**、それに垂直方向の直線偏光は**p偏光**という名前で呼ぶのが一般的です（**図7-11**）。そしてs偏光とp偏光では反射率に違いがあるのです。

なお、s偏光とp偏光は入射光と反射面の関係から定義されるので、窓ガラスのような垂直面からの反射の場合は、入射光が水平方向から当たる場合には、s偏光は地面に対して垂直方向、p偏光は水平方向になります。

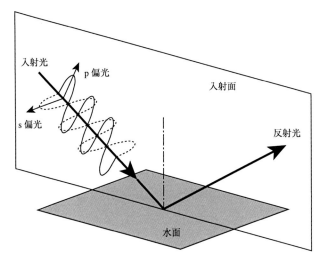

図7-11　s偏光とp偏光

電磁気学の知識に基づいて理論的に求めた光の入射角と反射率の関係を**図7-12**に示します。入射角は真上から水面に垂直に入射する場合を0°とし，水面に対する垂線を基準として，入射光線の角度を測ることとします。水の**屈折率**は1.33としています。

　グラフを見ると，どの入射角に対してもs偏光のほうが反射率が大きいことが分かります。また，s偏光は入射角が0°から大きくなるにつれ反射率が単調に増加するのに対して，p偏光のほうは逆に反射率は減少していきます。ついには50°を少し超えたあたりで反射率は0になり，その先で増加に転じます。

　このことから，ランダムに偏光した自然光が水面に当たると，その反射光にはs偏光が多く含まれ，p偏光は少ないことが分かります。水平面からの反射の場合反射光の成分はほとんどが水平方向の直線偏光になります。ここでこの反射光を偏光子を通してみてみます。するとここまでで説明してきた知識から，偏光子の方位を縦方向にすれば，この反射光のうちs偏光は透過することができず，わずかに含まれるp偏光だけが透過することになります。これによって**図7-1 (b)**では水面からの反射光が抑えられたのです。逆に偏光子の方位を横方向に

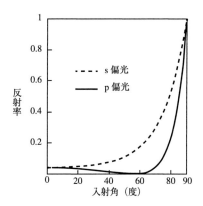

図7-12　反射率の入射角依存性
空気から水面に光が入射した場合で，水の屈折率は1.33とした。
破線はs偏光，実線はp偏光の場合。

合わせれば，反射光の大半を占めるs偏光は透過します。このときは**図7-1 (a)**のように水面からの反射光が強く映り込んだわけです。

4.2　ブリュースター角

　p偏光に対する反射率が0になる入射角を**ブリュースター角**（Brewster's angle）と言います。水の屈折率を1.33とすると，ブリュースター角は約53.1°になります。このとき反射光と屈折光の進行方向の間の角は**図7-13**のように，ちょうど90°になります。このことからp偏光の反射光が消える理由の説明がつきます。

　物質に光が当たると，物質内部の電子が光の電場によって振動させられます。電子が電場から力を受けるからです。**図7-13**は空気から水に光が入射する場合だとします。s偏光が入ると，物質中の電子は境界面に平行方向（紙面に垂直方向）に振動します。振動する電子は光（電磁波）を発します（**図7-14**）。これが反射光の起源です。屈折が起こるのもこの電子の振動が起源です。一方p偏光の場合は，水中を進む光の電場の方向に振動します。ブリュースター角の時は，この振動方向と反射光の方向が一致します。しかし**図7-14**に示したよう

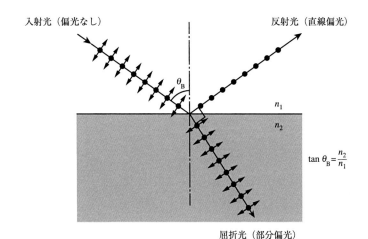

図7-13　ブリュースター角

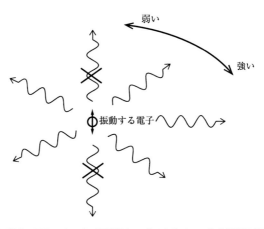

図7-14 振動する電子からは光（電磁波）が発せられる。これを双極子輻射と呼ぶ。

に，振動する電子からは振動の垂直方向に最も強く光が出，逆に振動の方向には全く光は出ません。このためにブリュースター角の時にはp偏光の反射光は出ないのです。

　ブリュースター角に等しくなくても，p偏光の場合，反射光の進行方向と電子の振動方向は平行に近い角度になっています。**図7-14**で説明している**双極子輻射**は，電子の振動方向に垂直に近いほど光の放射が強く，平行に近いほど弱くなります。**図7-12**のグラフに示されたようにs偏光よりp偏光のほうが反射率が低いことも，これから説明がつきます。

5 円偏光，楕円偏光

　ここまでで説明してきた偏光はすべて直線偏光でした。実は直線偏光以外にも少し変わった偏光が存在します。それらを説明します。

5.1 円偏光

　直線偏光は光の進行方向に対して振動する電場は常に一つの平面内にありました（**図7-3**）。光が観測者に向かって進行してくるような

位置から振動する光の電場を見ると，電場を表す矢印の先端は**図7-4**のように直線上を振動します。

これに対して，**円偏光**というのは，**図7-15**に示すように，電場の矢印がらせんを描くようにくるくる回りながら進行していく波になります。**図7-4**と同じ位置から，観測者に向かって進行する円偏光を正面から見ると，**図7-16**のように，電場の矢印の先端は，円を描きながら回転します。

円偏光には右回りと左回りの2通りがあります。光が観測者に向かってくる位置から見て，電場の矢印が反時計回りに回るのが**左回り円偏光**，その逆が**右回り円偏光**です。

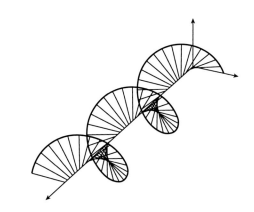

図7-15　円偏光

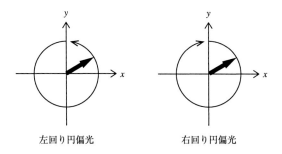

図7-16　楕円偏光を光が向かってくる向きから見た図

5.2 楕円偏光

円偏光と似ていて，もう少し違った偏光に**楕円偏光**というものもあります。楕円偏光の場合は，光の進行とともに回転する電場の矢印の先端の軌跡が楕円になります（**図7-17**）。この場合も円偏光と同じく，右回り，左回りの2通りがあります。また楕円なので長軸と短軸が存在します。長軸と短軸の長さをそれぞれ a と b とすると，楕円のつぶれ度合いを表す扁平率が $(1-b/a)$ で定義されます。扁平率が0の楕円は円，扁平率が1の楕円は直線になりますから，円偏光も直線偏光も楕円偏光の特殊な場合だということもできます。また，同じ楕円でも x–y 面内で回せば違う楕円になります。つまり長軸の方向に180°の自由度があるということです。

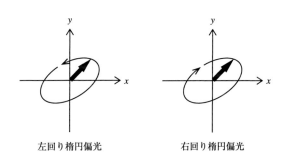

左回り楕円偏光　　　右回り楕円偏光

図7-17　楕円偏光を光が向かってくる向きから見た図

（志村　努）

第8章

自然界の光（1） 屈折，分散など

1 自然界にあふれるさまざまな光

　雨あがりの空にかかる大きな虹や，実際にはない景色が見える蜃気楼など，自然の中には光に関わる不思議で美しい現象があふれています。雲の間から漏れる光の筋にさえ，何か神聖なものを感じてしまう人もいるでしょう。特に昔の人にとっては，このような自然現象は，人知を超えたものに映ったことと思います。

　現在では，これら多くの光に関する自然現象が，光の屈折，干渉，回折，分散，散乱などの作用によって起こることが解明されています。それでもなお，これらの自然現象の雄大さ，美しさに，私達は感動してしまいます。本章では，屈折や分散などによって生じる自然界の中の光の現象を紹介します。また，引き続き次の第9章では，散乱によって生じる自然現象を紹介します。

2 薄明光線

　図8-1のような雲間から漏れる光の筋を見たことのある方は多いと思います。この光の筋のことを**薄明光線**または**光芒**（こうぼう）といいます。光が空からまっすぐに降りてきており，光の直進性を感じることができます。でもよく見ると，**図8-1**の光は地上に向かって少し拡がっているように見えます。太陽のように無限遠方からくる光は平行光線であると覚えている方にとっては，不思議に感じるのではないでしょうか。

　太陽から地球上に届く光線はもちろん平行光線ですが，我々の視

第8章　自然界の光（1）　屈折，分散など

図8-1　雲間から漏れる太陽光（口絵参照）

点から見ると，近いものは大きく遠いものは小さく見える効果により，光線が拡がっているように見えるのです。**図8-2 (a)** に示すように，太陽の光線は平行に届いていますが，高さA付近は高いところにあるので観察者から遠く，高さB付近は低いところにあるので観察者から近くに位置することになります。この光線のようすを観察者から見たのが**図8-2 (b)** です。幅Lだけ離れた2本の光線を考えていますが，高さA付近は遠いため幅が小さく見え，高さB付近は幅が広く見えるのです。**図8-2 (c)** のように，まっすぐで平行な道路を見ても，遠くから手前にくるにしたがって幅が拡がって見えるのと同じ効果です。

　また，ここで見える光は，第1章で説明したように，微小な水滴などで散乱された光です。

光の教科書

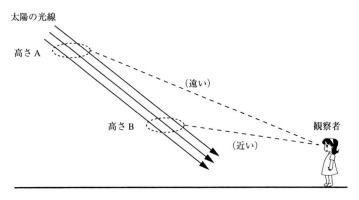

(a) 太陽の平行光線までの距離

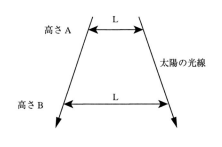

(b) 観察者から見た太陽の平行光線のようす

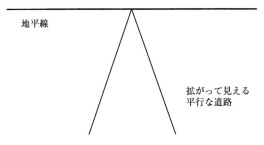

(c) 遠くまで続く平行な道路が見えるようす

図8-2　遠近感を含めた見え方

3 つぶれた太陽

　図8-3は夕日の写真ですが，よく見るとこの夕日は下側が少しつぶれたいびつな形をしています。この現象は，大気の層が太陽の光を屈折させることにより起こります。光が直進性を示すのは均一な媒質中の場合ですが，地球表面には大気があり，大気の層は地表付近では密度が大きく，上空に行けば行くほど密度が小さいという不均質な媒質になっています。そのため，大気の屈折率は地表近くから上空にいくにしたがって徐々に低くなっています。

　屈折率の勾配があるところでは，光は屈折率の高い方に曲がっていきます。これにより太陽は実際よりも浮き上がって見えます。**図8-4**で，太陽の上側A点から出た光線は，曲がりながら観察者に届きますが，観察者から見るとあたかもB点から光が届いているように見えます。この曲がり角度αのことを**大気差**といい，気象条件によりますが概ね30'（分）ほどの角度になります。太陽の見かけの大きさは約30'ですから，日の入りのときに見える太陽は，実際には水平線より下にあることになります。

　太陽の下側から出た光線の大気差α'は，水平線により近いためαよりも大きくなります。このように浮き上がり方が太陽の上側と下側で違うために，太陽の下側がつぶれて見えるのです。

図8-3　つぶれた太陽（口絵参照）
写真提供：田所利康氏

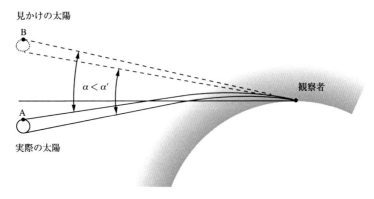

図8-4　大気による光の屈折

4　グリーンフラッシュ

　非常に空気の澄んだ海岸などで夕日が水平線に沈む瞬間，太陽の縁が緑色に光る**グリーンフラッシュ**という現象が知られています。この現象も大気差によって起こるものです。

　プリズムで光が曲がると分散により光が虹色に分かれますが，赤色の光よりも青色の光の方が大きく曲がります。大気で光が曲がる場合も，同様に赤色の光よりも青色の光の方が大きく曲がります。この効

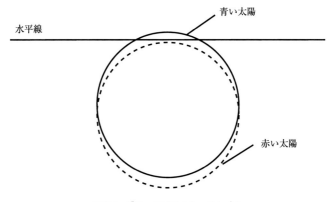

図8-5　グリーンフラッシュのしくみ

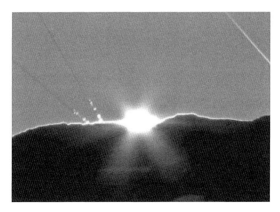

図8-6 グリーンフラッシュ（口絵参照）
写真提供：武田康男氏，撮影地：南極

果により，太陽がかすかに虹色に分かれて見え，青い太陽が上に，赤い太陽が下に見える状態になります（**図8-5**）。そして，夕日が沈み，赤色の太陽が水平線にかくれた瞬間，青（から緑）の太陽の端が光って見えるわけです。**図8-6**は南極で撮影されたもので，太陽光がグリーンに光っており大変めずらしい写真です。このグリーンフラッシュは，大気レンズによる色収差を見ているということもできます。

5 蜃気楼

砂漠の中で現れるオアシスの幻影，**蜃気楼**にはそのようなイメージがありますが，真夏の熱い路面でよく見ることのできる**逃げ水**も蜃気楼の一種です。**図8-7**は，**上方蜃気楼**とよばれるものです。右の通常時の写真と比較すると，陸地が上に伸びて見えていることがわかります。

このような上方蜃気楼が起きるのは，海面付近が冷たく上空が温かい気象状態の場合です。空気は温かいほど膨張して密度が小さくなり，屈折率も小さくなります。**図8-8**に示すようにこの条件の下では，海面付近の冷たい空気と上空の温かい空気の間で空気の屈折率が徐々に低くなり，その屈折率勾配によって，光は下側に曲がります。陸地か

図8-7　蜃気楼の発生（左：蜃気楼が発生した風景，右：通常の風景）（口絵参照）
写真提供：長谷川能三氏（大阪市立科学館），撮影地：富山県魚津市

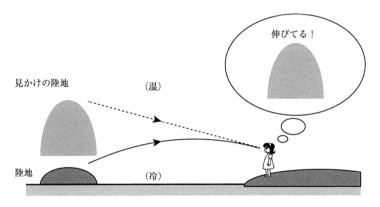

図8-8　上方蜃気楼のしくみ

らの光は図のように曲がって観察者に届くことになり，観察者からは，陸地が浮き上がって見えます。

　逃げ水も蜃気楼の一種ですが，さきほどの蜃気楼とは異なり，下方が温かく上方が冷たい状態で発生するので，光の曲がり方が逆になります。路面付近で光が上に大きく曲がることから，あたかもそこに水面があって光が反射してきているように見えます。この蜃気楼を**下方蜃気楼**とよびます。

　蜃気楼は光がまっすぐに進むという状態からはずれた状況で生じます。人間は感覚的に光がまっすぐに進むと覚えているため，そうでないものを見ると不思議に感じてしまうのです。

6 魚から見た外界

カメラ用レンズに**魚眼レンズ**というものがあります。その名のとおり魚の眼に由来し，180°の範囲（180度の画角）を撮影することのできるレンズです。では，魚は180°の範囲を見ることができるのでしょうか。

魚は水の中にいますが，**図8-9**のように魚の目に入ってくる光線は，水と外界の空気との界面で屈折を起こします。したがって，外界の

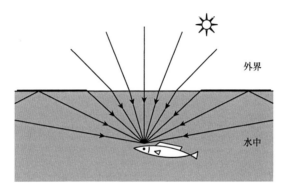

図8-9　魚に届く光線

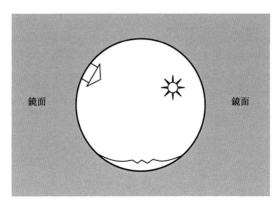

図8-10　魚から見た外界

180°の範囲の光線が魚に届きます。これによって，魚から見た水面は，**図8-10**のようになっていると想像されます。

　魚には中央の丸い部分に外界の180°の範囲が見え，それより外側は鏡のように，水底からの光が反射して見えるという状態です。円形の境目はちょうど全反射のときの臨界角に相当します。ただし，魚がこの景色を一度に見ているかどうかはわかりません。

図8-11　水中から外界を見上げたようす（口絵参照）

図8-12　海の中から水面を見上げたようす（口絵参照）
中央の魚の背景に臨界角による境界が見えます
写真提供：吉田浩二氏

第8章　自然界の光（1）　屈折，分散など

　図8-11は，バケツに入れた水に水中カメラを沈めて撮影した写真です。下の部分に臨界角に相当する円形の一部が写っており，上の部分には外の景色が映っています。予想した図8-10のようになっていることがわかります。図8-12は，実際に海の中から水面を見上げて魚を撮影した写真です。背景にある円形の内側は少し明るく見え（雲が映っている），円形の外側は鏡面に暗い海の底が映っています。

　水族館などでは，大きな水槽内の魚を横から観察することができます。このとき，水中の魚が実際よりも大きく見えると感じたことはないでしょうか。水槽の種類によってはガラスが曲面になっていてレンズ作用で大きく見える場合もありますが，ガラスが平面の水槽内にいる魚も，屈折により実際より大きく見えるのです。

　図8-13に示すように，魚からの光は水と水槽のガラスおよび空気との境界面で2回屈折します。水槽のガラスは通常平面なので屈折に対する影響はわずかで，主に水と空気の屈折率差により，光は実線のように屈折して進みます。ところが，観察者から見るとあたかも点線のように光がきていると感じるので，実物よりも近く大きく見えるわけです。

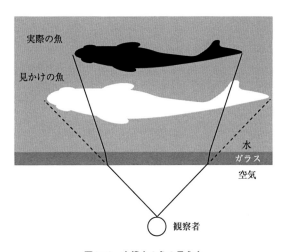

図8-13　水槽中の魚の見え方

7 虹

　空にかかる大きな**虹**は，美しく幻想的であり，大昔から人々の想像力をかき立ててきました。**図8-14**の虹の写真では，くっきりとした虹の外側にさらに大きな虹がうすく写っています。くっきりとした虹は内側が青色で外側が赤色ですが，うすい虹はその逆になっています。くっきりとした虹を**主虹**，うすい方を**副虹**といいます。さらに，この写真では見えにくいですが，主虹の少し下あたりに過剰虹というさらに細かいいくつかの虹が出ることがあります。

　虹に関する研究は古く，17世紀にはデカルトによって多くの部分が解明されました。虹の現象を説明するには，光の屈折，反射，分散，干渉，回折，散乱などさまざまな角度からのアプローチが必要となりますが，ここでは，屈折，反射，分散で説明できるおおまかな原理を紹介します。

　虹は雨上がりに太陽の光が差し込んだ状態でよく観察されます。このようなときは，遠くの空に雨雲が残っており，空中に無数の小さな水滴が浮かんでいると考えられます。**図8-15**に示すように水滴は理想的には球状であり，屈折率は約1.333です。そこに太陽の光が入射すると，代表的な光線は，**図8-15 (a)** のように屈折した後，内部で

図8-14　虹（口絵参照）

反射し，また屈折して別の方向に進んでいきます。

　このとき，光の波長によって屈折率が異なることにより，光は分散して虹色に分かれます。青色側の光の方が赤色側の光よりも大きく曲がり，青色の光では40°，赤色の光では42°をピークとする方向に進んでいきます。これが**図8-16**のように，太陽の入射方向から約40°の虹（主虹）として観察されます。このように，主虹は太陽光の進んでいく方向から約40°上の方向に見えますから，太陽高度が高いときは水平に近い方向に虹が見えることになります。

　また，**図8-15（b）**は，水滴に入射した光線が中で2回反射するケースです。青色の光では54°，赤色の光では50°をピークとする方向に進んでいきます。これが副虹に相当し，色の順序が逆になります。また反射する光量も少なくなります。

　図8-14の写真を見ると，主虹の外側と内側では空の明るさが違うこともわかります。主虹の外側

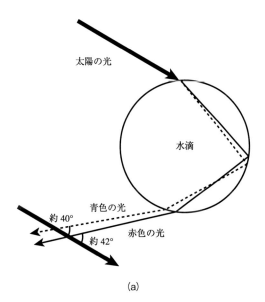

(a)

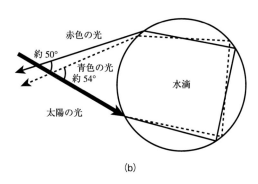

(b)

図8-15　水滴中の光線のようす

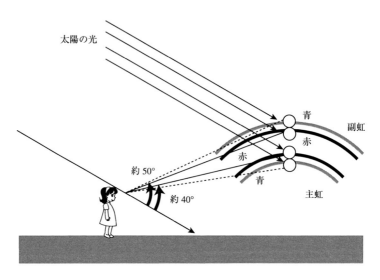

図8-16 虹のできるしくみ
目に入る光は実線が赤色，点線が青色

では水滴で反射してくる光がないため少し暗く見えます。この部分を**アレクサンダーの暗帯**とよびます。

8 構造色

　光がある物体にあたったとき，物体はその光を吸収したり，透過させたり，反射させたりしますが，反射された光がどのような波長を含んでいるかによって，物体に色がついて見えます。

　図8-17は，ブラジルに生息するモルフォ蝶という蝶の仲間で，青く輝くような大変美しい羽を持っています。実は，モルフォ蝶の羽の色の見え方は通常とは異なり，羽自体にこのような美しい色がついているわけではなく，光の干渉現象によるものなのです。

　モルフォ蝶の羽にある鱗粉は，**図8-18**のように棚のようなものが周期的にならんだ構造をしており，しかもこの棚の間隔が約200 nmと，青い光の波長400 nmの約半分になっています。そこから反射する光

第8章　自然界の光（1）　屈折，分散など

は干渉により青色の光が強められ，それが羽の色となって見えるのです。つまり，もともと青い色がついているのではなく，その構造によって光が干渉を起こして色づいて見えているのです。このような微細構造から生じる発色を**構造色**といいます。

　構造色は，自然の中には多く存在し，玉虫やくじゃくの羽などもそうです。また，光ディスクのCD，DVDの反射光が虹色に見えるのも構造色です。構造色による光は，入射した光が強く反射され，輝くように見えます。

（槌田 博文）

図8-17　モルフォ蝶（口絵参照）

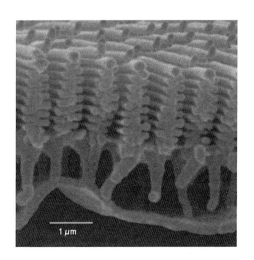

図8-18　モルフォ蝶の鱗粉（断面）の電子顕微鏡写真
写真提供：テクネック工房，撮影：永田文男氏

第9章

自然界の光（2） 散乱

1 はじめに

　私たちが見慣れている青空や夕焼けがどのように色付くのか，皆さんご存知ですか。実は，空が色付く理由は古くから謎でした。この謎を解明したのがイギリスの物理学者レイリー卿（1842年〜1919年）です。彼は，大気の気体分子が太陽光を散乱して，空が青くなることを突き止めました。この章では，**散乱**について学びましょう。散乱はどのように発生するのか，何故違う色の散乱があるのかといった問題を，「光と原子のやり取り」というミクロな視点で考察していきます。

2 自然界に見られる散乱

　皆さんは，**図9-1**のような，雲の切れ間から放射状に伸びる光の帯を見たことがありますか。これは，**薄明光線**と呼ばれる気象現象です。天使のはしご，レンブラント光線とも呼ばれます。本来，空間を直進する光は，横方向から見ることができません。しかし，光が空間に存在する「何か」と出会うと散乱が起こり，光の一部が進行方向を変えて私たちの目に届き，光の通り道が明るく見えます。薄明光線の場合，大気中に浮遊する多数の微小な水滴が，その「何か」です。さらに，この写真には，薄明光線の他に，色の異なるいくつかの散乱現象が写っています。すなわち，青い空，白い雲，黒い雲，夕焼けです。同じ散乱なのに色が違うのは不思議ですね。その理由については，この後ゆっくりと考察していきます。

第9章 自然界の光（2） 散乱

図9-1 雲間から放射状に広がる薄明光線（口絵参照）

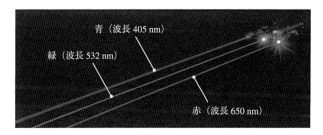

図9-2 レーザーポインターを使った薄明光線の再現（口絵参照）

　薄明光線は，小さな水滴や線香の煙などの散乱粒子で空間を満たすことで，室内でも簡単に再現できます。**図9-2**は，舞台効果などで使用されるフォグマシンでフォグ（微小な水滴の**エアロゾル**）を焚いて撮影したレーザーポインターの光線です。このような，散乱によって光線が横方向から見える現象を**チンダル現象**といいます。

3　散乱の正体を探る

　最初に，散乱がどのように起こるのかを，ミクロな視点で探っていくことにしましょう。この物語は，光が1つの原子と出会うところから始まります。

3.1 電子が光の電場に応答する

皆さんは，光が**電磁波**であることをご存知でしょう。電磁波は，**図9-3 (a)** のように，電場と磁場のサイン波が互いに直交したまま光速で進む横波です。特に，可視光を中心とする周波数帯の電磁波を光と呼びます。**図9-3 (a)** に示した電磁波の電場に注目しましょう。実は，光は，光の周波数で振動する交流電場でもあるのです。

ここでは，光を1つの原子に当てたときに何が起こるのかを考えていきます。原子内では，正電荷の原子核を負電荷の電子が雲のように取り巻いていて（これを**電子雲**と呼びます），電気的に釣り合っています。**図9-3 (b)** のように，原子に正電荷を近づけると，電子が正電荷に引き寄せられ，原子核を取り巻く電子雲が原子核に対して少しずれて，原子内に**誘電分極**と呼ばれる電荷の偏りが生じます。**図9-3 (c)** は，右方向に進む光が原子に当たっているようすです。光の進行に伴って光の周波数で電場の向きが入れ替わり，その交流電場に追従して，分極の極性が反転します。つまり，物質に光が当たると，原子内の電子が光の交流電場に応答し，電子は光の周波数で振動することになります。

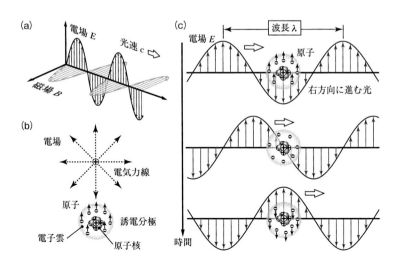

図9-3 光の交流電場に同期して振動する電子

3.2 振動する電子は電磁波を放出する

　光の交流電場によって原子内の電子が振動し，振動する電子は電磁波を放出します。私たちは，実は，この現象を応用した技術の恩恵を受けています。それは，ラジオ，テレビ，携帯電話などの電波の送信です。**図9-4**は，AMラジオの送信アンテナが電波（電磁波）を放出するようすです。アンテナに交流電圧がかけられると，アンテナ内の電子が振動して，交流電圧と同じ周波数の電磁波が放出されます。もちろん，AMラジオの放送電波は，光に比べると約9桁も低い周波数ですが，どちらも振動する電子が電磁波を放出する現象に違いはありません。つまり，光が原子に当たると，原子内の電子が応答振動し，振動する電子が同じ周波数の新たな光を放出するのです。この原子内の電子振動を介した光の再放出を**電気双極子放射**といい，電気双極子放射のうちで観測されるものを特に散乱と呼びます。

図9-4　ラジオの放送アンテナ。アンテナ内の電子が振動して電磁波が放出されます。

3.3 散乱光の放射強度パターン

　原子内の電子振動で生じる電気双極子放射は，**図9-5**に示す穴のないドーナツのような放射強度パターンになります。原子内の電子は入射光の偏光方向（電場の振動方向，図中の極方向）に振動します。そのため，電気双極子放射は，振動と直交する赤道面で最も強く，緯度

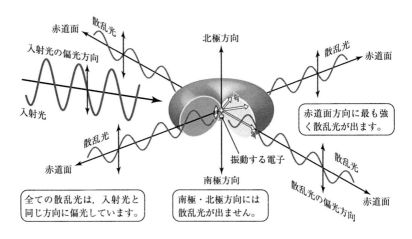

図9-5 電気双極子放射（散乱）の放射強度パターン

が高くなるにつれて強度が減少して，電子が振動している極方向には放射されません。

また，放射される全ての放射光の偏光方向は，電子の振動方向（図中の極方向），すなわち入射光の偏光方向に一致しています。

4 サイズと密度で変わる散乱のようす

4.1 レイリー散乱

ここまで，原子が起こす散乱のようすを見てきました。光の波長（例えば，可視光の中心波長550 nm）に比べてサイズが無視できる程度に小さい粒子（波長の数十分の一以下）は，単一の散乱源と見なせ，原子と同様，**図9-5**のように散乱します。このような波長に比べて十分に小さい粒子が起こす散乱を**レイリー散乱**といいます。例えば，大気中の窒素や酸素などの気体分子は，結合距離がおよそ0.1 nmの**二原子分子**で，そのサイズは光の波長のおよそ1/5000しかなく，レイリー散乱を起こします。レイリー散乱の強さは波長の4乗に反比例して短

第9章　自然界の光（2）　散乱

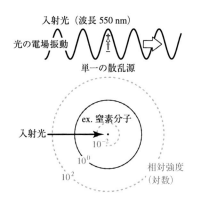
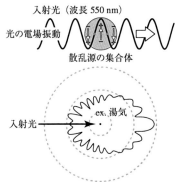

(a) レイリー散乱　波長λ ≫ 粒子サイズ　　(b) ミー散乱　波長λ ～ 粒子サイズ

図9-6　レイリー散乱とミー散乱[1]。波長：550 nm，(b) は球形の水滴を仮定。

波長の光ほど強く散乱されるので，波長400 nmの青い光は波長650 nmの赤い光の約7倍強く散乱されます。また，電子が振動する軸上から見たレイリー散乱の放射強度パターンは**図9-6 (a)** のように円になります。これは，**図9-5**の放射強度パターンを真上から見るのに対応します。

4.2　ミー散乱

　一方，サイズが可視光の波長程度の粒子が起こす散乱では，粒子内の数多くの原子が散乱源となり，散乱源の集合体として光を放出します。このような散乱を**ミー散乱**と呼びます。各原子からの散乱光は互いに干渉して，粒子サイズに依存した複雑な放射強度パターンになります。例えば，半径1 μmの水滴が起こすミー散乱は，**図9-6 (b)** の放射強度パターンになります[1]。また，ミー散乱では，波長依存性が薄れます。粒子サイズがおよそ1～数十μmの湯気や雲を構成する水滴では，可視光全域でほぼ同じ強さのミー散乱が起こるため，散乱光は白くなります。

レイリー散乱とミー散乱を分ける明確な粒子サイズがあるわけではありません。粒子サイズが波長の数十分の一程度を超えて大きくなると，散乱光同士の干渉が無視できなくなり，次第にミー散乱が優勢になっていきます。**図9-7**に，水滴のサイズに依存した散乱強度パターンの変化を示します[1]。光の波長550 nmに対して水滴半径が無視できる（a）0.01 μmでは，電子の振動軸上から見た放射強度パターンはほぼ円ですが，水滴半径が（b）0.1 μm，（c）1 μmと大きくなるにつれて，散乱強度パターンが干渉によって複雑になっていきます。さらに，水滴のサイズが大きくなった（d）10 μm，（e）100 μmでは，側方や後方の散乱強度が弱まり，前方への指向性が強くなっていきます。水滴のサイズがさらに大きくなると，膨大な数の電気双極子放射同士が干渉する結果，光は透過光，屈折光，反射光に集約されて，散乱は観測されなくなり，幾何光学の計算結果と一致するようになります。

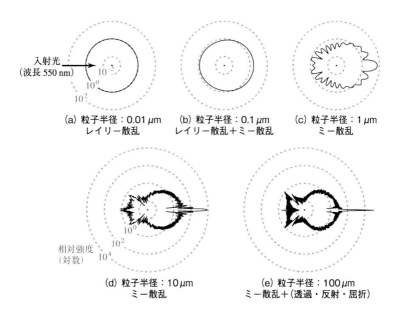

図9-7 粒子サイズに依存した散乱強度パターン[1]。波長：550 nm，球形の水滴を仮定。

4.3 希薄な大気での散乱

　散乱のようすは，粒子サイズだけではなく，粒子の分散密度によっても変化します。電気双極子放射は，物質と光が遭遇する身の周りのあらゆる場所で発生していますが，発生した電気双極子放射が散乱として観測されるか否かは，電気双極子放射を起こす粒子の分散密度で決まります。

　地球の大気を例に，気体密度の違いによって散乱のようすがどのように変わるか見ていきましょう。**図9-8**は，大気圏上層の希薄な大気で起こる電気双極子放射のようすです。大気圏上層では，大気密度が低く，気体分子は可視光の波長よりもまばらに分散しています。このような状況で発生する気体分子の電気双極子放射は，発生場所，発生時刻，観測者までの距離がばらばらで，互いに干渉することなく，全く独立したレイリー散乱光として観測者の目に届きます。

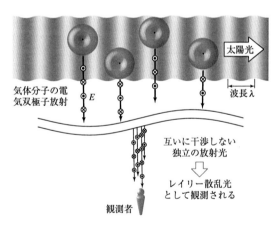

図9-8　希薄な大気中で光の波長よりもまばらに分散する気体分子のレイリー散乱

4.4 標準大気での散乱

　一方，地表付近の**標準大気**に含まれる酸素や窒素の平均分子間距離は約3.3 nmで，可視光の波長の数百分の1です。このように気体分子が光の波長よりも密集した状態では，1波長の中で膨大な数の散乱（電

気双極子放射）が発生して，それらは完全に干渉します。

図9-9は，波長よりも近接した標準大気中の3つの気体分子A，B，Cが放つ散乱とその干渉をモデル化したものです。入射光の山の波面がA，B，Cの順に当たり，それぞれで散乱された山の波面は円形に広がります（**図9-9 (b)**）。散乱の山の波面は，入射光の波面進行に同期して放出されるため，それらの前方成分は入射光と共に前に進みます。時間の経過に伴い，A，B，Cは，入射光の進行に同期した散乱の山，散乱の谷の放出を繰り返します。散乱光のうち前方に進む成分は，散乱源である気体分子の位置や数とは無関係に同位相なので，干

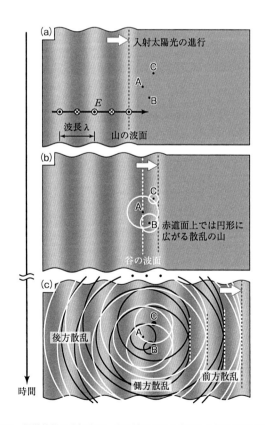

図9-9　標準状態の大気中で，光の波長よりも密集した気体分子の散乱

渉して互いに強め合います（**図9-9 (c)**）。一方，後方や側方の散乱成分は，散乱源である気体分子の位置の違いを反映して位相がばらばらになり，互いに弱め合います。この状況は，膨大な数の原子に対しても変わりません。つまり，標準大気中の気体分子による散乱では，太陽光の進行方向と一致する前方散乱成分は強め合う干渉をして透過光が形成され，それ以外の方向への散乱は，全て打ち消し合って消滅してしまうのです。

5 空の青，雲の白，夕日の赤

5.1 シリカ微粒子を使った空の色の再現

ここでは，球形シリカ微粒子の散乱が，粒子サイズによって変化するようすを見ていきましょう。水に分散させたシリカ微粒子のサイズは，粒径：20 nm，40 nm，100 nmで，封入ビンの下から白色LED光を入射して，真横から散乱光を観察しています。

粒径20 nmの**図9-10 (a)**では，粒径が波長に比べて小さいので，主にレイリー散乱が起こって，青い散乱光が観察されます。これは，空

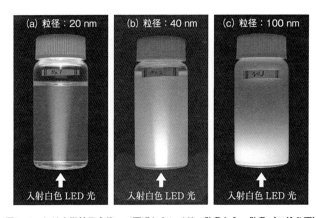

図9-10 シリカ微粒子を使って再現したレイリー散乱とミー散乱（口絵参照）
協力：富士化学㈱

が青く見えるのと同じ原理です。一度散乱された光が再び別の粒子で散乱される**多重散乱**が起こっているため，光線以外の場所も少し青く見えています。

粒径40 nmの**図9-10 (b)**では，粒径が可視光の波長に比べて無視することができず，レイリー散乱とミー散乱両方の散乱が起こって，レイリー散乱による青とミー散乱による白が混じり合っています。光がビン全体に広がっているのは，多重散乱のためです。光がビンに入射した直後から，青い光が先に散乱され，生き残った赤い光が透過します。これは，夕日が赤く見える理由です。さらに，赤の透過光が多重散乱されて，ビンの上部全体が赤く色付いています。これは，空が夕焼けに染まるのと同じ現象です。

粒径100 nmの**図9-10 (c)**では，ミー散乱と強い多重散乱によって下半分は白雲の状態，上半分は透過光が遮られた黒雲の状態になっています。

5.2 散乱で決まる空の色

図9-11に，大気中で起こる散乱をまとめます。大気圏上層の気体分子が発する電気双極子放射はレイリー散乱となって青空を作り出します（**図9-12**）。空の青に寄与しているのは，地表から数十km上空の気体分子密度が低い大気圏上層で発生したレイリー散乱です。一方，気体分子密度が高い大気低層では，1波長中に存在する膨大な数の気体分子が発する電気双極子放射が完全に干渉し合って透過光が形成され，レイリー散乱は発生しません。もし，地上大気で発生した電気双極子放射同士が干渉しないとしたら，光が当たった地上大気はレイリー散乱を起こし青い光が散乱されるはずです。これは，見ている景色が遠ければ遠いほど，その景色から目に届く光から青い光が失われて，景色が赤く見えることを意味します。しかし，実際には，何十km離れた景色を見ても，そんなことは起こりません（**図9-13**）。私たちが目にする遠くの風景は，晴天の日には背景光である青空に照らされて青みがかり，大気中に浮遊する塵埃粒子，火山噴火物，硫酸ミス

第9章 自然界の光（2） 散乱

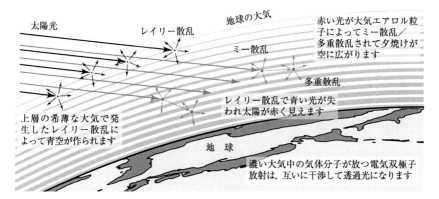

図9-11 大気中で起こるさまざまな散乱

図9-12 レイリー散乱によって作られる青い空とミー散乱によって作られる白い雲
（口絵参照）

トなどの微細な**大気エアロゾル粒子**や微小な水滴を散乱源とするミー散乱によって白っぽく見えます。大気エアロゾル粒子は，地上から2km程度までの低層大気に集中して存在しています。空気が澄んで乾燥している冬は，微小な水滴や大気エアロゾル粒子が少なく，遠くの景色がくっきりと見えますが，きれいな夕焼けは望めません。逆に，水滴や大気エアロゾル粒子が多い日には，ミー散乱／多重散乱の発生が増えて，遠くの景色は白く霞んで見えます。また，日没時に西の空

図9-13　高尾山から望む新宿（距離約40 km）と東京スカイツリー（距離約50 km）
（口絵参照）

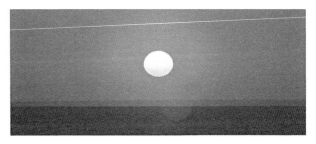

図9-14　駿河湾対岸に沈む夕日と空を染める夕焼け
（口絵参照）

が晴れていれば，太陽光は日中より何倍も厚い大気を透過するため，青い光はほとんど散乱されてしまい，赤い透過光が長距離に渡ってミー散乱／多重散乱を受けるため，西の空全体が鮮やかな夕焼けに染まります（**図9-14**）。

　雲は，大気中に浮ぶ微小な水滴や氷粒子の集団で，高くても地上から12 kmの範囲で発生します。雲を構成する水滴や氷粒子は粒子サイズが1～数十μm程度で，可視光全域でほぼ同じ強さのミー散乱が起こるために，雲は白く見えます（**図9-12**）。

6 青空の偏光

6.1 レイリー散乱の偏光方向

大気気体分子のレイリー散乱によって作り出される青空の**偏光**について考察しましょう。**図9-15**は、レイリー散乱の偏光方向を確認した実験です。水に分散させた粒径20 nmのシリカ微粒子に真下から白色LED光を入射して、粒子が発するレイリー散乱を、偏光フィルムを半分挿入した状態で真横から観察しました。入射光はランダム偏光ですが、ここでは、光の電場がカメラ方向に振動する偏光（a）とそれと直交する偏光（b）の2つに分けて考えます（任意の入射偏光は偏光（a）と偏光（b）にベクトル分解できます）。レイリー散乱の偏光方向は、入射偏光と一致しています（**図9-5**）。入射偏光（a）による散乱は、電子の振動軸がカメラ方向と一致するため、カメラ方向には放射されません。一方、入射偏光（b）による散乱は、電子の振動軸が水平面内にあり、水平偏光が放射されます。そのため、透過軸が水平偏光と直交するように偏光フィルムを挿入すると、レイリー散乱

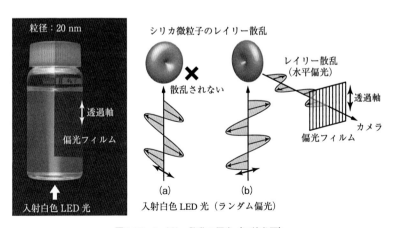

図9-15 レイリー散乱の偏光（口絵参照）
カメラ方向に出射するレイリー散乱は全て水平偏光で、透過軸が垂直方向の偏光フィルムを通ることができません　協力：富士化学㈱

光をほぼ完全に消すことができます。

6.2　見る方向で変わる青空の偏光

図9-16は，レイリー散乱が作る青空の偏光が，観測者の見る方向によって異なるようすです。図では，レイリー散乱の放射強度パターンを観測者のすぐ近くに描いてありますが，レイリー散乱の発生場所は大気圏上層なので，散乱源が最も近い真上でも，観測者から数十km以上離れています。

図の左から入射する太陽光はランダムな偏光ですが，ここでは，入射する太陽光を，垂直偏光と水平偏光に分けて考えます（ランダムな偏光面を持つ任意の入射偏光は垂直偏光と水平偏光にベクトル分解できます）。前方，後方の気体分子が放射するレイリー散乱は，垂直偏光，水平偏光とも観測者に届くので，ランダム偏光です。一方，太陽から90°の方向（左側方，真上，右側方）では，電子の振動軸が観測者に向いている偏光成分は放射されず，太陽光と垂直な面内の偏光成分のみが観測されることになります。

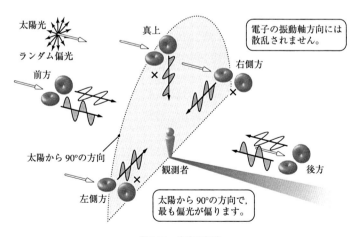

図9-16　青空の偏光
太陽から90°の方向で，最も偏光が偏ります

7 おわりに

　この章では，自然界で見ることができる散乱について，電気双極子放射とその干渉という観点から考察しました。電気双極子放射同士の干渉が無視できる場合はレイリー散乱，不完全に干渉した場合はミー散乱，完全に干渉した場合には，光は透過光／屈折光／反射光に集約されて散乱は消失します。言い換えると，身の周りの光学現象は，ほとんど全て，膨大な数の電気双極子放射同士の干渉で成り立っているのです。皆さんがさまざまな光学現象を目にするとき，このような視点を思い出して現象を観察してみると，新たな発見があるかも知れません。

（田所 利康）

coffee break 9-❶ 青空の偏光を観察しよう

　半月が出ている晴れた日に，偏光フィルムを使って青空の偏光を観察してみましょう。半月の方向は，太陽からちょうど90°なので，その付近の空は最も偏光しています（**図9-16**）。偏光フィルムを回しなが空の色を観察すると，偏光子の透過軸が入射太陽光線と垂直の時に一番明るく，水平の時に一番暗くなります。これは，太陽光のレイリー散乱のうち，水平偏光成分は自分の方向に散乱されないためです。この観察は，日没後（日の出前）数十分の間に行うと，最もコントラストが高くなります。これは，低層の大気に集中して存在する大気エアロゾル粒子を，日没後（日の出前）の地球の影が覆うことで，大気エアロゾル粒子が起こすミー散乱／多重散乱の影響を除去できるからです。

(a) 平行ニコル配置

偏光フィルムの透過軸方位

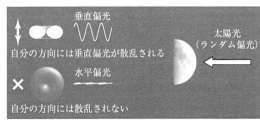

(b) 直交ニコル配置

偏光フィルムの透過軸方位

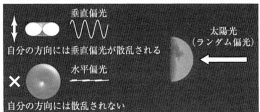

目のしくみと色の見え方

1 目の仕組み

　私たちは光を目に受けることで物を見ています。そこで，まず，物が見えるための目の仕組みを簡単に見てみましょう。**図10-1**に示すように，目それ自体は一種の光学機器で，光が入射してくる側から角膜，水晶体，硝子体，**網膜**と並んでいます。外の物体からの光が角膜と水晶体で屈折して，硝子体を通り，目の一番奥にある網膜に届きます。そこで物体の光学像が網膜上に写ります。この構造はカメラと似ているので，よく目を説明するときにカメラが引き合いに出されますが，実は目とカメラは根本的に異なっています[1]。

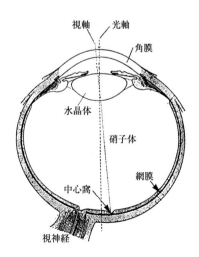

図10-1　目のしくみ

目とカメラを同じものと見なしていけない点はいくつかありますが，その中で最も大きな点は，カメラではフィルム，目では網膜の働きの違いにあります。カメラはフィルム上に物体の形や色をできるだけ正確に写すようにできていますが，目は収差が大きいのできれいな像は網膜上にできません。目はそもそも正確な像を写すように作られていないと言っていいでしょう。これは，カメラの場合はフィルムに写った写真を私たちが見て本物と比較するので，写真は本物に忠実でなければなりません。しかし，目の場合は網膜上に写った像を忠実に脳に送ることはせずに，網膜の中ですぐ情報処理が始まります。つまり，網膜で光学像の情報が抽出されてそれが大脳へ送られ，そこで物が認識されるわけです。ですから，網膜像は忠実である必要はなく，以後の処理に必要な情報を与えればいいわけです。このように，目は光学機器といっても，カメラではなく，むしろ，私たちの外の情報の知的な入力センサーと考えなければいけないようです。

2 光に色はない

光と色について初めて科学的に考えたのは，万有引力で有名なニュートンです。ニュートンはプリズムを使って，太陽の白色光を分光して虹の色を作ったり，またそれを集光して白色光に戻したりする実験を繰り返して，光と色の関係を発見しました。ニュートンは著書「光学」の中で，「光線には色はない。光線は色の感覚を起こさせる性質があるに過ぎない」と述べています。これは色の科学の上では大発見です。色が物理的な光の性質ではなく，目の性質であることを初めて明確に述べたからです。

このことをもうすこし詳しく見てみましょう。**図10-2**には，二つの光のスペクトルA，Bが私たちの目の可視領域の約400 nm～700 nmの範囲で描かれています。AとBは全く異なった分光特性を示していますが，私たちの目には同じ色に見えるのです。つまり，この二つの光は物理的には異なっていますが，私たちの目には同じになってしま

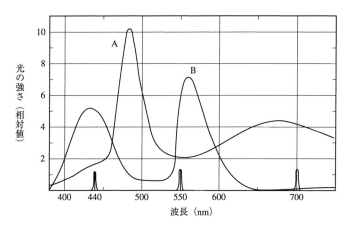

図10-2　同じ色に見える二つの光A，B

います。また，**図10-2**中には440，550，700 nmの三つの単色光が示されていますが，この三つの単色光を適当な強さで混ぜてもA，Bと同じ色にすることができます。光に色が付いているならば，異なった光の色は異なって見えなければなりません。しかし，この例で示したように，異なった光でも同じ色に見えてしまうことが起こります。これは，光に色があるのではなく，光は色の感覚を起こす性質を持つだけということになります。ニュートンが気付いたのはこのことだったのです。

3　目の中にある3種類の錐体が色を決める

なぜ，上で述べたようなことが起こるのか，これはニュートンにも分かりませんでした。しかし，現代の科学では良く分かっています。実はこのことが色を客観的に表現する上で最も基本的なことになってきます。そこで，次にこれを説明しましょう。

目の仕組みをもう少し詳しく見てみましょう。今度は網膜を拡大してみます。**図10-3**に拡大された網膜の断面が模式的に描かれています。ここでは，**図10-1**と逆さまに描かれていて，光は**図10-3**の下の方から

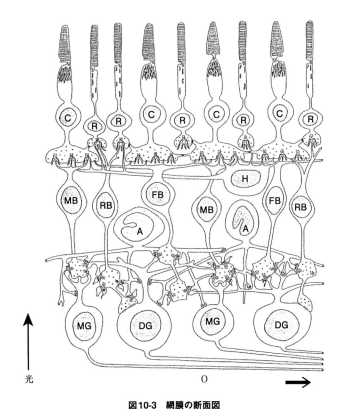

図10-3　網膜の断面図
錐体（C），桿体（R），水平細胞（H），双極細胞（MB, RB），
アマクリン細胞（A），神経節細胞（MG, DG），視神経（O）

入射してきます。光を最初に受けるのが網膜の一番奥にある**錐体**（C）と**桿体**（R）とよばれている視細胞です。桿体は暗いところで働く細胞で色覚には直接関係していません。錐体が明るいところで働く細胞で色覚を生んでいます。網膜ではこの錐体と桿体に加えて，水平細胞（H），双極細胞（MB, RB），アマクリン細胞（A）と神経節細胞（MG, DG）の合計6種類の神経細胞が**図10-3**に示すようなネットワークを作り，物体の光学像を処理して電気パルスに変換しています。電気パルスは網膜から**視神経**（O）を通って大脳へと送られます[注1]。

　錐体にはL, M, Sと呼ばれる3種類の錐体があります。L, M, S

第10章　目のしくみと色の見え方

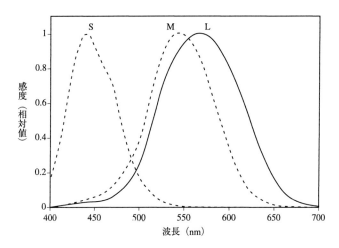

図10-4　L, M, S錐体の分光感度

は形は同じで見分けが付きませんが，光を吸収する分光感度が異なっています。**図10-4**にL, M, Sの分光感度を示します。Lは長波長，Mは中波長，Sは短波長側で感度のピークを持っています。L, M, Sは光が入射すると電気的な応答を出す一種の光検出器であると考えると分かりやすいでしょう。この光検出器は，同じエネルギーの光が入射しても波長によって応答が異なります。この応答の大小を示したのが**図10-4**の**分光感度曲線**です[注2]。

(注1) **図10-3**は模式的に描かれているので各細胞や細胞間のつながりのサイズは正確ではありません。実際は，視細胞の先端から視神経の層までの網膜の厚みは約250ミクロンあります。錐体は，網膜の凹んだ場所である**中心窩**（物を見るときに私たちが目を向ける網膜部位）では，先端の三角形の部分（外節）とその下のくびれとくびれの間の膨らんだ部分（内節）まで（核のある部分の上まで）長さ約80ミクロン，内節の部分が直径約3ミクロンです。網膜周辺部では内節の部分の直径が約7～8ミクロンになり，錐体は網膜周辺部にいくにつれて太ってきます。

(注2) これらの分光感度は角膜に当たる光を入射光として計算されたので，角膜から網膜までの眼球内での光の吸収も含まれたものとなっています。したがって，錐体だけを取りだして測った分光感度曲線とはすこし異なってきます。実際私たちが物を見るときはいつでも眼球内での吸収はあるので，眼球内での光の吸収も含んだ形の方が使いやすいのです。

光の色はこの三つの光検出器の応答の強さの組み合わせで決まります。**図10-2**のA，Bの光は，実は，物理的には異なっていても，3つの光検出器の応答を全く同じにしてしまうような光だったので，同じ色に見えてしまったというわけです。

> **coffee break 10-❶　色は科学者を引きつける**
>
> 色の研究にはこれまでニュートンの他にも有名な物理学者や化学者が大きく貢献しています。たとえば，ヤングの干渉縞のヤングと物理学者のヘルムホルツは色覚の3色理論を提唱しました。電磁波理論のマックスウエルは色ごまにより混色の実験をしています。化学者のドルトンは色覚異常者の色の見えを詳しく観察して記録を残しています。波動方程式のシュレーディンガーも色空間の理論を提案しています。色は科学の大天才にとっても十分魅力的な不思議なものだったのでしょう。

4　3つの色ですべての色ができる

色が3種類の錐体の応答で決まるということから，色を作るのに3という数が重要な意味を持ってきます。ここで，カラーテレビの表面を拡大して見てみましょう。OSA実験キットの凸レンズ，あるいは虫めがねをテレビの画面のまえに持っていって大きくして見ると，**図10-5**のようなパターンが見えます。赤（R），緑（G），青（B）

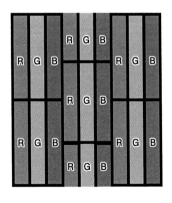

図10-5　カラーテレビの管面の拡大図（口絵参照）
赤画素（R），緑画素（G），青画素（B）が見える

の小さな画素が規則正しく並んでいます。テレビのメーカーによってはパターンの形が異なっているかも知れませんが，赤，緑，青の3つの画素が並んでいることには変わりありません。テレビの画面には様々な色が見えますが，どの色の部分を拡大してみても**図10-5**に示したパターンは同じです。

　次に，もう少し注意深く3つの画素を見てみましょう。凸レンズで拡大せずに普通に見たときのテレビの画面の色と，そこの場所を拡大したときの赤，緑，青画素のそれぞれの明るさがどう関係しているかを観察します。白く見える画面の一部分を拡大すると，緑画素が一番明るく見え，次が赤画素，一番暗いのは青画素となっています。また，画面上でオレンジ色，黄色，紫，ピンク，茶色などの色に見える部分を拡大すると，赤，緑，青画素の明るさが白の場合とは異なっています。赤系の色は赤画素が明るく，青系は青画素が明るいというように，それぞれの画素の明るさのバランスによって画面上の色を作っていることが分かります。赤，緑，青の3つの画素は十分小さいので，テレビ画面を普通に見るときは，目は3つの画素を分解して見ることができず，その結果，色が混ざって見えてしまうのです。これを**加法混色**と呼びます。

　さて，このような観察から，すべての色は赤，緑，青色の3色光を混色して，それぞれの強度を変えることで得られることが分かりました。さらに，混色の実験を進めると，色光は3色あればよく，3つの色は必ずしも赤，緑，青である必要はないことがわかります。これは，上で述べた「目の中の3つのL，M，S錐体の応答で光の色が決まる」ということから当然導かれることなのです。その事実を応用しているのがテレビをはじめとした様々な色表示機器になります。「すべての色は3つの色光で表現できる」という事実は「**等色の原理**」と呼ばれ，**測色学**[注3]上の最も基本的な原理となっています。

(注3) 3色を客観的に測定したり表現するための学問は測色学と呼ばれています。等色の原理を基にして求められた等色関数や表色システムには国際的な標準があり，CIEXYZ表色系，CIELUV空間，CIELAB空間などは良く使われています。

3つの色光を混色して任意の色を作る際の3色光を**3原色**と呼びます。3原色をどう選ぶかは色表示機器にとっては大変重要な選択になりますので，この3原色のことを少し詳しく説明します。**図10-6**に示すように，3原色（色光）を右の視野，任意の色光を左の視野に呈示します。**図10-6**の視野は測色学でよく使われる視野で，**2分視野**と呼ばれます。3原色をここではX_1, X_2, X_3で表し，任意の色光をCで表します。このX_1, X_2, X_3の強度を調整して，Cと全く等しい見えにすることが等色になります。ここで「全く等しい見えにする」とは明るさも色も全く等しくするということで，もし視野の中央の境界線がなければこの2分視野は全く一様な1つの視野になってしまうということです。

　3原色で全ての色が表現できるという等色の原理が成立するためには，実は2つの前提条件が必要です。1つは，選ばれた3原色のうちの2つの原色で残りの1つの原色が等色されない，つまり3原色は独立でなければならないという前提です。もう1つは，3原色X_1, X_2, X_3を加法混色しても色光Cによっては等色できないものがあるという事実に対応する考えで，負の等色を許すという前提です。これは分かりにくいかもしれませんが，等色できない色光Cに対しては，3原色X_1, X_2, X_3の内の1つを右視野から取り除いて，逆に左視野の色光Cに加えるということです。つまり，左視野に加えることを右視野に「負に加える」と解釈します。正確には，この2つの前提条件があって初

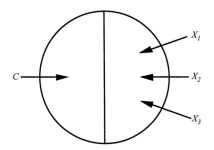

図10-6　等色のための2分視野。Cは任意の色光，X_1, X_2, X_3は3原色を表す。

めて等色の原理が完全に成立します。

現実の色表示機器では，3原色X_1, X_2, X_3を加法混色して色光Cを表現しなければなりません。したがって，できるだけ負の混色が起こらないように3原色を選ぶ必要があります。そのようにするためには，X_1, X_2, X_3の一つ一つがそれぞれL，M，S錐体を単独に刺激できればいいのですが，**図10-2**からわかるように，錐体の分光感度にはオーバーラップがあり，どのような単色光を使っても，錐体を単独には刺激できません。ただし，原色をかなり長波長側から選び，また，かなり短波長側から選べば，L錐体とS錐体に対してはほとんど単独に刺激することはできます。しかし，M錐体は他の錐体との分光感度のオーバーラップが広いので，どのような波長を選んでもM錐体を単独には刺激できません。さらに，L錐体とS錐体を単独に刺激するために，原色をあまり長波長側や短波長側に持っていくと，色光の輝度が減少して暗くなってしまいます。このような要因を考慮して，現実の色表示機器でなるべく広い色域を実現するために，R（赤），G（緑），B（青）色光が原色として選ばれています。

5 色の見えは不思議

色の見えには不思議なことがまだまだあります。次にその一例をあげましょう。ここに，白い紙があるとします。**図10-7**に示すように，この白い紙が光源で照明されています。私たち観察者はその反射光を見ています。白い紙は，反射率が高く，波長の選択性がないので，照明光のスペクトルをほとんどそのままの形で反射します。したがって，観察者の目に入るのは光源の光と強度は異なりますが，分光的には同じ光です。

ここで，光源を蛍光灯のような白色光源にしてみます。すると，照明光も白色で，白い紙からの反射光も白色です。目に入る光が白色ですので，白い紙が白く見えて当然です。次に，光源を黄色の白熱電球に取り換えてみましょう。この場合は照明光が薄い黄色の光となりま

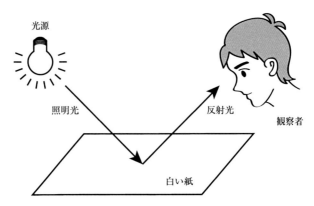

図10-7　白い紙は照明光の色が変わっても白く見える

す。白い紙は照明光をそのまま反射するので，反射光もやはり薄い黄色となるはずです。では，このとき，白い紙が黄色く見えるでしょうか。私たちの経験では，白い紙は蛍光灯の下でも，白熱電球の下でも白く見えます。白い紙はどんな光源の下でも白く見え，決して黄色には見えないのです。

　これは不思議なことです。確かに光に色はないのですが，黄色の光と同じ光が目に入れば黄色に見えていいはずです。白い紙が照明光源にかかわらずいつでも白く見えるということは，逆に言えば，光のスペクトルが同じ反射光でも場合によっては色が違って見えることになります。これはなぜでしょうか。この答えはやはり目にあります[2]。

　目の中の錐体は一種の光検出器であると先に述べましたが，実は単なる検出器ではなく，環境に適応して感度を変える能動的な検出器なのです。環境の照明光が白色光から，たとえば，**図10-8**に示すような赤色光になると，3種の錐体のうちL錐体の応答が大きくなります。そこで，目はすぐL錐体の感度全体を下げ，応答を元に戻そうと働きます。この変化は照明光の色の変化を打ち消す方向なのです。これは**順応**と呼ばれている視覚系の基本機能です。照明光が黄色になると，今度はL，M錐体両方の感度を下げ，黄色に順応します。

　このような順応機能は照明光による物の色の変化をできるだけなく

そうとして働いています。白い紙がいつでも白くみえるのは，この順応機能の上にさらに目の対比機能などが加わって生まれる**色の恒常性**の現れです。

私たちの周囲の環境光は常に強度や分光特性が変化しています。し

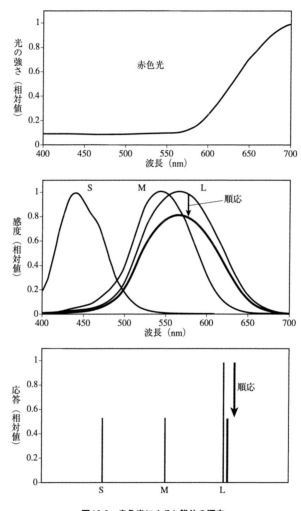

図10-8 赤色光によるL錐体の順応
L錐体の感度の低下と応答量の減少が起こる

たがって，物の表面からの反射光もそれに伴って変化しています。もし，私たちの目が反射光から忠実に物の色を見ているのであれば，物の色は常に変化して見えるようになったでしょう。色はその物を同定するために重要な要素です。物の色が常に変わるようになっていたとしたら，私たちはその物が同じ物なのか違う物なのか判断がつかなくなってしまいます。もしそうならば私たちは照明光が時々刻々変化するような地球という環境に不適応な生物になり，当然これまでに自然淘汰されてしまったでしょう。私たちの目に備わっている色を見る仕組みは生きる上でとても重要な働きをしているのです。

6 目と色のさらなる不思議

　私たちが普通に物を見ているときは不思議に見えるものはあまりありません。ところが，少し変わった絵や図を見るとそれが不思議に見えることがよくあります。このような見え方を錯視と呼びますが，なぜ錯視が見えるのかを調べていくと，そこに普段気付かない目の仕組みが顔を見せていることがよくあります。実は，錯視も普通の目の働きが生む見え方の一つです。そういう意味では本当は錯視と呼ぶのはおかしいのかも知れません。

　図10-9のパターンを見てください。片目でも両目でもいいですが，普通に本を見る距離でパターンの中央をじっと見つめてください。すると，このパターンよりも少し粗い縞がくねくねと見え，しかもそれに薄く色が付いて見えませんか。もともとは白黒のパターンですから，色がないところに色が見えるわけです。これはやはり不思議です。

　色は3種の錐体の応答のバランスで決まることは先に述べました。この色が見える現象を良く調べてみると，ここで見える色は3種の錐体の網膜上の配列（**錐体モザイク**）が原因であることがわかります[3]。ここで，説明を簡単にするために錐体をLとMの2種類に限り，**図10-10**の白丸（L錐体）と黒丸（M錐体）のように網膜上に並んでいるとします。そこに図のような黒白の縞パターンの像が写ったとし

第10章　目のしくみと色の見え方

図10-9　薄い色の縞が見えるパターン[3]

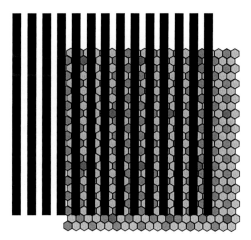

図10-10　色のエイリアシング[3]
白丸がL錐体，黒丸がM錐体を表わす
縞パターンがL錐体あるいはM錐体だけを刺激する部分がある

ます。図では白い縞の部分は透けて見えるように描いてあります。錐体の配列と縞パターンの細かさがほとんど同じで，錐体配列よりも縞パターンの方がわずかに粗いとします。すると，縞パターンの白い部

分がM錐体だけに当たる場所とL錐体だけに当たる場所が周期的に現れます。これは**エイリアシング**と呼ばれる現象で，モアレ縞が起こることと同じ現象です。

　このようにL錐体とM錐体が縞パターンの白い部分で選択されて刺激されると，L錐体のところでは赤い縞，M錐体のところでは緑の縞が見えることになります。実際はこれにS錐体が加わり，さらに，S錐体はL錐体とM錐体よりも数が少ないので，色の見えはこの説明よりもう少し複雑になります。しかし，**図10-9**で見えた不思議な色はこの色のエイリアシングが原因です。

　このようなエイリアシングを詳しく調べていくと，網膜上のL，M，S錐体の配列が分かってきます。網膜の中心窩の部分を模式的に表わすと**図10-11**のようになります。L錐体が赤，M錐体が緑，S錐体が青で示されています。それぞれの錐体の個数の比は完全にはまだ明らかになっていませんが，ここではL：M=2：1でSは錐体全体の10%としてあります。中心窩のさらに中央の直径視角約20分（網膜上で約95ミクロン）の小領域にはS錐体がありません。図中にこの小領域も描かれています。錐体の配列は六画稠密格子になっていることは顕微鏡写真からわかっていますが，3種類の錐体の分布の仕方はまだはっきりとは分かっていません。そこで，図では中央より左側では3種類の錐体をランダムに並べ，右側ではより規則正しく配列してあります。

　3種類の錐体の配列は**図10-5**で示したカラーテレビの画素の配列とはかなり違っています。最も大きな違いはカラーテレビでは3種類の画素の数が同じであるのに対して，網膜では特にS錐体の数が少なく，また，M錐体よりもL錐体の方が2倍の数あるということです。これから私たちは青色では物の形を見ていない，言い換えると，青色だけでは物の形を良く表わすことはできないということに気付くでしょう。目が物を見るときにはこの方が都合がよかったのでしょう。カラーテレビでも青画素の数を減らして，その分，赤画素と緑画素を増やした方が，色は変えずにより細かい画面を作れるかも知れません。

図10-11　錐体モザイク[3]（口絵参照）
赤点がL錐体緑点がM錐体青点がS錐体を表わす
中央部にS錐体が存在しない領域がある

7 おわりに

　目と色に関する不思議なことや面白いことはまだまだたくさんあります。たとえば，目は動きます。目は一時も動きを止めません。私たちが一点を見つめているときでも目は小刻みに動いています。この動きを止めてしまうと，私たちは何も見えなくなってしまいます。目の順応機能が網膜上の像をすべて消してしまうのです。実は私たちは常に時間的な変化を利用して物を見ているのです。

　このような目に独特な機能は他にもあります。ここでは，その中のほんの少しを紹介しました。目は色に限らず，"光"を利用して，外界から私たちの必要とするほとんどすべての情報を取り入れています。この仕組みについてはまだわからないことが多く残っています。私たちの目はこれからの科学が解き明かすべき高度な光情報処理システムなのです。

（内川 惠二）

第11章

光学機器（1） めがね

1 はじめに

　眼は外界から光の情報を取り入れる器官として発達してきました。特にヒトの場合は文明の発達とともに，文字の発明，印刷，さらに近年の情報機器の普及と，眼からの情報入力量が格段に増加し，細かいものを見ざるを得ないようになっています。凸レンズのめがねはガラス製造技術の発達していたイタリアで13世紀末には作られていたと言われています。いま，我々は当時とは比べものにならない量の文字図形情報を見るために，成長や加齢などによって起こる眼の不具合を，めがねやコンタクトレンズで補って生活しています。

　本章では私たちの生活に最も身近な光学系である眼の機能とその不具合，機能を補助するめがねについて説明します。

2 人間の眼の機能

2.1 眼球の構造

　眼の模式図を**図11-1**に示します。人間の眼は光が入射する側から，**角膜**，**虹彩**，**水晶体**，**硝子体**，**網膜**が並んでいます。角膜と水晶体の間は**房水**という，約99％は水でこれに微量のタンパク質，糖，無機イオンなどからなる非常にきれいな液体で満たされています。水晶体は弾力性のある凸レンズ形の透明体で，**水晶体嚢**と呼ばれる袋の中に，中心の屈折率が高く周辺の屈折率が低いという屈折率が分布した構造

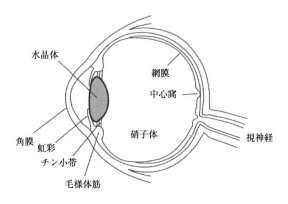

図11-1 眼の構造

を持っています。硝子体は柔らかいゼリー状の物質で満たされています。

角膜の屈折率は1.38，水晶体は中心の水晶体核の屈折率が1.40，皮質部は1.38程度と言われています。光は屈折率差が大きい角膜に入るところで大きく屈折し，水晶体でさらに屈折し，硝子体を透過して，網膜に届きます。**眼球**の屈折力の2/3は角膜の前面で発生しています。水晶体の周りを囲む房水と硝子体の屈折率はほぼ水と同じ1.34という値を持っています。そのため水晶体表裏面の屈折力は比較的小さいのですが，水晶体自身の屈折率分布が加わることによって，全体としてピント合わせに十分な屈折力と収差の低減効果を得ています。

2.2　人間の眼とカメラの違い

よく眼の働きはカメラにたとえられます。角膜と水晶体がレンズ，虹彩が絞り，網膜がフィルムやセンサに相当します。システムとしてはほぼ同じ機能なのですが実は光学設計的に見ると随分違っています。

カメラ用のレンズは平らなフィルムやセンサにフラットな像面を作るために，屈折率が異なる材料で作られた凸レンズ，凹レンズを何枚も組み合わせて設計します。たとえば，スマートフォンのレンズは5〜6枚ほどの非球面レンズで画角70°くらいの像を作っています。人

の眼のレンズ系は実質的に角膜と水晶体の2要素しか無いのにもかかわらず,約120°という大変広い角度範囲を同時に見ることができます。

ただし2要素レンズでは全視野できれいな結像はとても望めません。中心窩と呼ばれている網膜の中心部分では解像力が高く,はっきりとものを見ることができますが,網膜の周辺では,解像力が低く動いているものがわかる程度となっています。そのため詳細を見たいものがあれば人は眼の向きを変えて中心窩で見る必要があります。

ところで,前述のように眼は低い屈折率の2つの凸レンズで出来ていますが,凸レンズだけでは像面を平らにすることはできず,レンズに向かって凹面状にピントを結んでしまいます。網膜が平面ではなく眼球の内側の半径12 mmの凹面であることは,ピンぼけを大きく緩和する大変理にかなった構造です。

2.3 ピント合わせ

カメラはレンズを前後に動かすことでピントを合わせますが,眼はレンズの屈折力を変えてピント合わせをします。水晶体が自身の弾性で丸くなる力をもっており,**チン小帯**の緊張で引っ張られて薄くなる

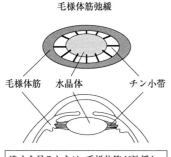
(a) 遠くのものを見るとき

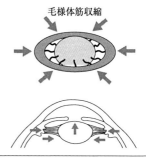
(b) 近くのものを見るとき

図11-2　ピント合わせと水晶体の変形

力とのバランスで水晶体レンズの屈折力をコントロールしています（**図11-2**）。**毛様体**筋がゆるむと，水晶体が最も薄くなり，屈折力が小さくなります。この調節力を働かせていない状態でピントが合う距離を**遠点**と呼び，遠点の値が近視，遠視の基準となります。また調節力によりピントが合う最も近い距離を**近点**と呼びます。

3 屈折異常と老視

　調節力を働かせていないときに無限遠の物体が網膜の中心窩上に結像される正視状態を基準にして，そうでは無い状態を**屈折異常**と言います。屈折異常には，網膜の前方に結像する**近視**，後方に結像する**遠視**，そして角膜や水晶体のゆがみによって一点に結像しない**乱視**の3つの種類があります。これに対して，**老視**（**老眼**）はピントを合わせる力が減衰した状態をいい，遠視とは異なります。めがねはこれらの状態を矯正する光学機器です。

　めがねの光学的機能を大別すると近視用凹レンズ，遠視用凸レンズ，乱視矯正用円柱レンズ，老視用レンズがあります。近視や遠視用のレンズは，乱視の矯正や老視レンズの機能を合わせた1つのレンズに処方されることもあります。このほかに説明は省きますが，両眼の視線のズレを矯正するプリズムがあります。

3.1　屈折度数　ディオプター

　ここで，眼科関連でレンズが光を曲げる強さ（屈折度数）を表すのに使われる単位，**ディオプター**（あるいはディオプトリとも呼ばれます）を紹介します。屈折度数は，メートルで表示したレンズの焦点距離の逆数です。たとえば焦点距離50 cmすなわち0.5 mのレンズを1/0.5 = 2で＋2ディオプターのレンズと呼び，diopterの頭文字Dを用いて，＋2 Dという表記をします。凹レンズで焦点距離が−50 cmの場合は−2 Dです。また，近視，遠視の程度，眼の調節力の量もディオプターDで表記します。調節力は遠点，近点の距離をディオプターで

表した値の差をとったものです。

　ディオプターを用いると結像の計算が足し算引き算でできるようになります。たとえば**図11-3**に示す結像の関係をレンズの屈折力をP＝（1／焦点距離），A＝1／（物体距離a），B＝1／（結像する距離b）とすると式（11-1）で表せます。

$$P = A + B \tag{11-1}$$

特に眼の結像を考えるとP：眼の屈折力，A：(1／ピントの合う距離)，B：網膜に写るための固定の値となります。式（11-1）の両辺にΔを付け加えた式（11-2）を作ると，調節力で屈折力がΔ付加されるとピントの合う距離がΔ分だけ変わる。あるいは，めがねを使って屈折力をΔ付加するとピントの合う距離をΔ分だけ変えられる。という関係がわかります。

$$P + \Delta = A + \Delta + B \tag{11-2}$$

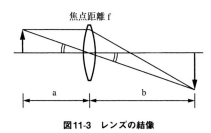

図11-3　レンズの結像

3.2　近視，遠視

　近視，遠視は眼の奥行き（＝眼軸の長さ）とレンズの屈折力の大小の問題であって，**図11-4**に示すように，眼軸長に対して眼の屈折力が適切な状態が**正視**，眼の屈折力が強すぎる状態が近視，逆に眼の屈折力が弱すぎる場合が遠視です。これ以外にも眼軸長自体が長すぎても近視になり，短すぎると遠視になります。ほとんどの子供は遠視で，成長期に眼球が成長すると例外なく近視の方向へ変化します。子供は

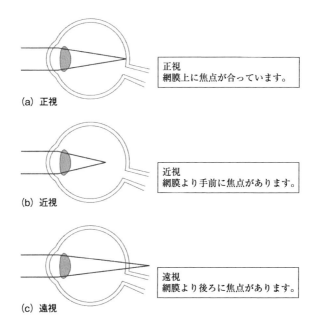

図11-4 正視,近視,遠視

調節力が非常に大きいので遠視であっても無限遠にも近方にもピントが合いますが,成長して眼軸長が伸び,水晶体の屈折力の増加によって無限遠にピントが合わなくなると近視として認識されます。

図11-5はピントを合わせられる範囲を示す図です。**図11-5**①は正視つまり遠点が無限遠で近点が10 cmの人がピント合わせできる範囲を示しています。距離が無限遠はディオプター表記で0 D,10 cmは0.1 mなので10 Dですから,この場合は10 − 0 = 10より調節力が10 Dあると言います。②は同じく10 Dの調節力はありますが,遠点が50 cmで無限遠にはピントが合わない近視の人の場合のピント合わせ範囲を表しています。近点は−12 Dとなり8.33 cmまで近づきます。近視の場合,めがねなどで矯正をしなければ無限遠はぼけてしまいます。③は同じく10 Dの調節力はありますが,遠点が−50 cmつまり眼の後方50 cmに集光するような光にピントが合う遠視の場合です。近点は眼の前

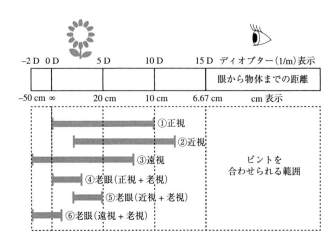

図11-5 正視，遠視，近視と調節力（老視）とピント合わせの関係

12.5 cmまでピントが合います。弱い遠視の場合は調節力が十分あれば日常生活に困らないため，自覚症状はありませんが，遠視用めがねをかけた方が眼は疲れにくくなります。

4 めがねによる矯正

4.1 近視，遠視の矯正

近視，遠視の矯正は，遠点が無限遠となり，無限遠にピントが合うようにします。**図11-5**②の裸眼では50 cmより遠くにはピントが合わない場合，−2 D（−50 cmの焦点距離）の凹レンズを使って遠方から来た平行光束をあたかも50 cmの距離からの光のように広がる光束に変換することで，無限遠にもピント合わせられるようになります（**図11-6 (a)**）。

近視，遠視の度合いは，矯正に必要なレンズの屈折力で表すので，この時の近視の度数を−2 Dであるといいます。めがねをかけても調節力は変わりませんから，**図11-7**のように，めがねをかけたときの近

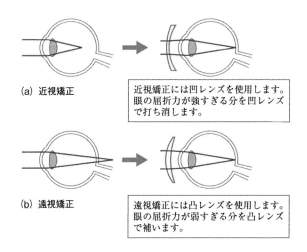

図11-6　めがねによる近視と遠視の矯正

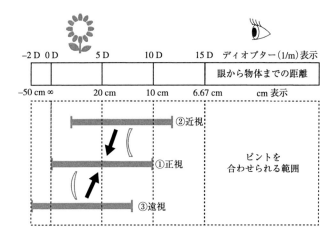

図11-7　近視と遠視をめがねで補正した場合の調節力とピント合わせの関係

距離側のピントを合わせられる距離は2D分だけ遠くなります。

　ディオプターで軸をとると，近視や遠視のひとが眼鏡をかけたらどこまでピントを合わせられるかが簡単にわかります。

4.2 乱視の矯正

乱視は，屈折面が球対称でない（眼の屈折力が方向によって異なる）ために入射方向によって屈折状態が異なり，一点に結像しない状態です（**図11-8**）。近視や遠視と同時にも乱視は発生します。乱視矯正は，ベースの面に1つの軸方向にのみレンズの屈折力を持つ円柱レンズ状の屈折力を足し込んだトーリックレンズを使用して矯正します。

4.3 老視の矯正

年をとると近くのものにピントを合わせられなくなり，小さな文字が読めなくなっていきます。この原因は水晶体が老化によって変形できなくなるためです。子供の時は12 D以上ある調節力が40歳代で実生活に支障が出始める4 Dを割り，60歳では1 D以下に減少してしまいます。これが老視（老眼）です。

図11-5④⑤⑥に老視になって調節力が3 Dに減ってしまった場合に，裸眼で調節できる範囲を示します。④の正視の人は無限遠から33 cmまでピントを合わせられます。⑤の−2 Dの近視の人は遠点50 cmから20 cmまでピントが合います。⑥2 Dの遠視の人は，実質的には無限遠から1 mまでしかピントを合わせられません。この段階では近視用の−2 Dあるいは遠視用2 Dのめがねで矯正すれば一応普通の生

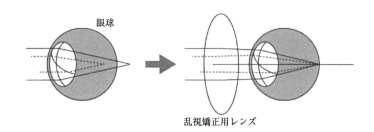

図11-8　乱視とめがねによる乱視の矯正

活ができますが，小さい文字を読む際に手元から離して見るようになったり，近視の人はめがねを外して見るようになります。

　このように老化によって近方に焦点が合わせられなくなると**老眼鏡**が使われます。老眼鏡にはさまざまな種類があり，目的に応じて選びます。

(1)近用専用のめがね

(2)めがねレンズの上方は遠くを見るため，下方は近くを見るための**二重焦点レンズ**，あるいは中間距離も見えるようにした三重焦点レンズ

(3)遠方と近方の境界が目立たないよう，段階的に変化していく**累進多焦点レンズ**

　近用専用レンズは遠視用めがねと同様の凸レンズですが，遠視用めがねが遠点を無限遠に合わせるのに対して，近点で近距離を見るために度数を合わせます。読書など一定の距離で視点が動くような場合，専用めがねはめがね全域で良い像が得られます。**図11-9 (a)** は二重焦点レンズの例です。内側にある上が切れた円形状の部分が小玉と呼ばれる近くを見るための専用レンズ部分です。二重焦点，三重焦点レンズは，近くで見たいものは体に近い側，即ちレンズの下側にあり，下側を通して見る無限遠方物体は無いという生活環境の特性に合わせ，レンズの上部と下部でピントが合う距離を変えたレンズです。水晶体の調節の代わりに視線を上下に変えることでピント合わせをします。近くのものは両眼を内側に寄せて見ることになるので，近用領域は鼻の側に寄せて配置されています。これによって実用的には見かけ

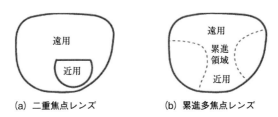

(a) 二重焦点レンズ　　(b) 累進多焦点レンズ

図11-9　老視用二重焦点レンズと累進多焦点レンズのイメージ

より近用部は広く，下側でも左右は遠方がはっきり見え，使い勝手が良いレンズとなっています。しかしレンズに境目があると，いかにも老眼鏡というイメージがありました。

図11-9 (b) は累進多焦点レンズのイメージです。累進多焦点レンズは一枚のレンズの中に，遠くを見るための「遠用領域」と近くを見る「近用領域」があり，その間にレンズの度数が累進的に変化する「累進領域」があります。二重焦点レンズのような境目がなくなり，眼自体の調節力が全く無くなっても途中の距離も連続してピントが合わせられるので，めがねを掛け換えることなしに日常生活を送ることができて便利です。老眼鏡らしく見えないのも好まれる理由かもしれません。
図11-9 (b) の累進領域の左右にある点線の外側は結像性能が悪くなっているため，矯正に使用できない領域です。二重焦点レンズの小玉部分と違い，この境界ははっきりと目で見えるものではありません。

累進多焦点レンズの度数は遠方を見るための遠用度数と加入度数（近用度数−遠用度数）で決まります。一般には無限遠が見える様に遠用度数を決め，自身の水晶体の調節力と併せて近距離作業ができるよう加入度数を決めます。たとえば元々眼が悪くない正視の人が自身の調節力が1 Dになっていて25 cm（4 D）の距離にもピントを合わせたいと考えれば遠用度数0.00 D加入度数3.00 D（近用度数4 D−遠用度数0 D−調節力1 D）のレンズが必要となります。

累進多焦点レンズは遠用部から近用部まで，光軸の上下方向で連続的に屈折力を変えながらも連続した面をつないでいますが，累進帯域の左右方向にその面を伸ばしてつないでも非点収差という収差が出てしまい，レンズ面全体で良好な特性を得ることはできません。このため，**中心窩**の解像力に見合う明視領域はあまり広くないので，累進多焦点レンズで見たいものにピントを合わせるのには，めがねに慣れて頭と眼球を協調して動かす必要があります。加入度数が大きいほど累進帯域の左右に収差が残るので必要以上の加入度数を入れるのは避けた方が良いでしょう。

（丸山 晃一）

coffee break 11-❶　日本人と近眼

　凸レンズのめがねが13世紀末には作られていたのにもかかわらず，近眼を凹レンズで矯正できることの発見は15世紀になってからでした。近視用のめがねの発明が遅れたのは西洋人に近視が少なかったためではないでしょうか。

　日本人は西洋人とくらべ明らかに近眼のめがねやコンタクトを使用している方の比率が高いですが，これには種々の説があります。①黄色人種は眼が前に出ていて眼軸長が長くなり易いのに対し，骨格の違いにより眼が窪んでいる西洋人は眼軸長が長くなりにくい。②農耕民族は近眼でも食料を得られるが，狩猟民族では近眼は獲物が捕れない，動物に襲われるなど淘汰圧となった。など遺伝的要因によるものと，③漢字など細かい文字を見続けることが多い。という後天的要因が挙げられています。今は子供の時からスマートフォンなど小さな文字を見る環境が世界中にあふれています。あと10年もすれば遺伝的要因，後天的要因どちらが大きいのかは明らかになることでしょう。

coffee break 11-❷　水晶体の老化

　水晶体は，水晶体嚢と呼ばれる透明な袋の中に水晶体細胞という細胞がぎっしり詰まっています。水晶体細胞は水晶体嚢のすぐ内側にある水晶体上皮細胞から，人が生まれてから死ぬまで作られ続け，古い細胞が内側にある，タマネギのような多層構造を作ります。水晶体細胞は生産され続けるにもかかわらず，古くなっても排出されることはないので，年を取るにつれて細胞が密集し硬くなり，柔軟性は失われていきます。そうなるとチン小帯が緩んでも十分な変形をしなくなるので，加齢とともに眼の調節力は小さくなります。

第12章

光学機器（2） 望遠鏡

1 望遠鏡の構成

　物を大きく見たいと思ったときに使う道具としてルーペ（虫めがね）があります。ルーペを使うと，目の前の虫や草花を詳しく観察したいときや，手元の小さい文字などを読むときに便利ですが，もし遠くの景色を見たらどうなるでしょうか。ルーペを目からある程度離さないとぼやけて見えませんが，うまく調整して見えたとしても遠くの景色は小さくしか見えません。ルーペのような一つのレンズを使って物を大きく見るためには，物体からレンズまでの距離をレンズの焦点距離くらいにする必要があり，レンズの焦点距離よりもずっと遠くにある物体は大きく見ることができないのです。では，遠くのものを大きく見るにはどうすれば良いでしょうか。物が近くにあれば拡大できるのですから，物体を近くに持って来れば良いのです。とはいえ，実際に遠くの景色を持ってくることはできませんから，かわりに物体の像を近くに作ってやります。そして，その像を，ルーペを使って見れば，遠くの景色を大きく見ることができます。これが，望遠鏡や双眼鏡の仕組みです。

　望遠鏡の構成は，物体側に配置される**対物レンズ**と，眼側に配置される**接眼レンズ**（アイピース）に分けられます。先ほど述べたように，対物レンズによって遠方にある物体の像を自分のすぐ近くに作り，できた像をルーペに相当する接眼レンズを使って拡大するのです（**図12-1**）。

　大きく拡大したいときは，焦点距離の長い対物レンズを使って大き

な像を作り，焦点距離の短い接眼レンズを使ってルーペ倍率（※ルーペ倍率は，ルーペレンズの焦点距離をfとしたとき，$250/f$で与えられるルーペの拡大倍率です。）を大きくします。なお，望遠鏡と双眼鏡は，片目で見るか，両目で見るために光学系を二つ並べるかが違うだけで原理は同じですが，後で説明するように，双眼鏡は像の向きが物体を直接見たときと同じになるような工夫がされています。

　遠くの物体の実像を自分の近くに作る必要がありますから，対物レンズには凸レンズを使います。接眼レンズは，対物レンズによる像の物体側に凹レンズを置くタイプと，像の眼側に凸レンズを置くタイプの二種類があります。凹の接眼レンズを使う方式をガリレオ式，凸の

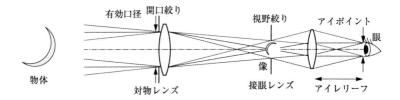

図12-1　望遠鏡（ケプラー式）の構成

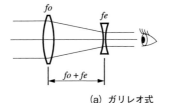

(a) ガリレオ式

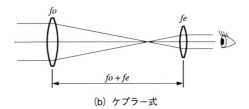

(b) ケプラー式

図12-2　望遠鏡のタイプ

接眼レンズを使う方式をケプラー式といいます（**図12-2**）。

　ガリレオ式は像が望遠鏡なしで見た時と同じ向きに見えます。このような像を正立像といいます。正立像が得られるのがガリレオ式の大きなメリットですが，倍率を大きくしようとすると**図12-3**のように大きな対物レンズが必要となってしまい使いづらいため，大きな倍率が必要ないオペラグラスなどに用途は限られています。

　一方，ケプラー式では像が180°反転して見えます。このような像を倒立像といいます。天体望遠鏡の場合は，像が反転していてもそれほど困らないことと，天体は暗いものが多く少しでも明るい像を得るには余計な部品を入れたくないことから倒立像のまま観察するのが普通です。しかし，地上の風景や，鳥など動き回る対象を見ることも多い双眼鏡，あるいはスポッティングスコープなどは倒立像だと不便なため，対物レンズと接眼レンズの間に像を反転させるプリズムなどを入れて正立像で見られるようにしています。ケプラー式は倍率を大きく

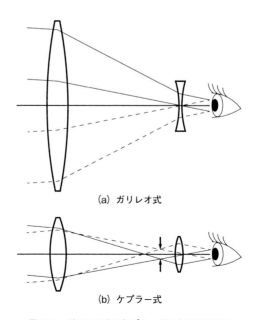

(a) ガリレオ式

(b) ケプラー式

図12-3　ガリレオ式とケプラー式の大きさの違い

表12-1 望遠鏡の種類

	光学系の形式	正立プリズム	像の向き	用途例
単眼	ガリレオ式	なし	正立	単眼オペラグラス
	ケプラー式	なし	倒立	天体望遠鏡
		あり	正立	地上望遠鏡(バードウォッチング)
双眼	ガリレオ式	なし	正立	オペラグラス
	ケプラー式	あり	正立	一般的な双眼鏡

することも簡単なので，多くの望遠鏡や双眼鏡はケプラー式を採用しています（**表12-1**）。

また，対物レンズの形式による望遠鏡の分類もあります。対物レンズに屈折のレンズを使う場合は**屈折望遠鏡**，反射のレンズを使う場合は**反射望遠鏡**といいます。収差を小さくする目的で対物レンズに反射のレンズと屈折のレンズを組み合わせた，**反射屈折望遠鏡**もあります。小型の望遠鏡は屈折型が主流ですが，大型の望遠鏡には反射型，あるいは反射屈折型の望遠鏡が使われます。

2 望遠鏡の仕様

望遠鏡は遠くにあり小さくしか見えないものを拡大して見る機械ですから，一番気になるのは倍率でしょう。望遠鏡の倍率は光学系に入ってくる光線の角度 α と，光学系から出ていく光線の角度 θ を使って $\tan\theta/\tan\alpha$ で表します。このような倍率の表し方を**角倍率**といいます。ケプラー式望遠鏡を例に，この時の光線の通り方を示したのが**図12-4**（望遠鏡の光路と角倍率）です。**図12-4 (a)** は視界の中心の光線のようす，**図12-4 (b)** は視界の周辺の光線のようすです。

視界の中心の光線も周辺の光線も，対物レンズにより一度結像したのち，接眼レンズによってほぼ平行光となって目に入ります。このとき，対物レンズの焦点距離が接眼レンズの焦点距離よりも長ければ，視界の周辺の光線は望遠鏡に入ってきた角度 α に比べて大きな角度 θ で目に入り，見かけ上，大きく見えます。なお，このように平行光が

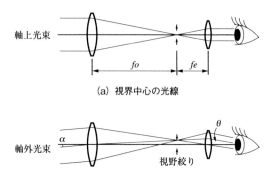

図12-4 望遠鏡の光路と角倍率

入ってくると平行光が出る光学系のことを，アフォーカル光学系と呼んでいます。望遠鏡や双眼鏡のほか，カメラのファインダー，レーザービームのビーム径を変えるビームエキスパンダーなどもアフォーカル光学系になっています。

見ようとする物体までの距離が十分に遠い場合，角倍率は対物レンズの焦点距離 fo と接眼レンズの焦点距離 fe を使って

$$角倍率 = \tan\theta / \tan\alpha = -fo / fe \tag{12-1}$$

と表すことができます。ケプラー式の場合，対物レンズも接眼レンズも凸レンズ（焦点距離がプラス）ですから角倍率はマイナスの値になり，倒立像であることを示します。ガリレオ式の場合は対物レンズが凸，接眼レンズが凹ですから角倍率はプラスの値になり，正立像を意味します。このように，厳密には符号に重要な意味があるのですが，たいていの場合符号は省略して表示されます。式(12-1)からわかるように，倍率は対物レンズと接眼レンズの焦点距離の比ですから，焦点距離の組み合わせを変えれば自由に変えられます。双眼鏡で組み合わせを変えられるものは多くありませんが，望遠鏡の場合は接眼レンズを交換することで倍率を変えられるようになっているのが一般的です。

ところで，倍率を大きくして行けばどんどん細かいところまで見えてくるのかといえばそうではありません。光には波の性質があり，対物レンズの縁で起こる回折現象のためにできる像はぼやけてしまうため，細かいところをみるには限界があります。この限界のことを**分解能**といいます。実際にどこまで分かれて見えるかどうかは個人差もあり一概には決められませんが，多くのカタログではドーズの限界値 θ_D（単位：角度の秒）と呼ばれる指標が表示されています。

$$\theta_D = 116/D \tag{12-2}$$

ここで，D は対物レンズの有効口径（単位：mm）です。つまり，対物レンズの口径を大きくすれば望遠鏡の分解能は小さくなり，細かいところまで見えることになります。ドーズの限界値は経験則ですが，回折光学理論によれば点像の大きさは開口（望遠鏡の場合は有効口径）に反比例しますので，理に適った指標です。ただし，この値を実現するためには，光学系の収差や製造誤差は十分に小さい必要があります。

　ガリレオ式望遠鏡では目を接眼レンズに近づけるほど広い範囲を見ることができますが，ケプラー式では覗くときは目を正しい位置に置かないと視野全体を見渡すことができません。ケプラー式望遠鏡で視野全体を見渡せる位置を射出瞳位置，または**アイポイント**といい，接眼レンズからアイポイントまでの距離を**アイレリーフ**といいます（**図12-1**）。そして，射出瞳のところでの光束の太さを射出瞳径といいます。射出瞳径は，次の式で求められます。

$$射出瞳径 = D/|角倍率| \tag{12-3}$$

射出瞳径は目に入って来る光の量に関係し，射出瞳径が目の瞳径より小さくなると視野が暗く感じるようになります。目の瞳径（瞳孔の直径）は個人差・年齢差もありますが，明るい環境で2 mm程度，暗闇で7 mm程度といわれており，双眼鏡の倍率は射出瞳径がおおよそこの範囲になるように設定されています。視野の明るさを表す指標として，「明るさ」が表示されているカタログもありますが，これは射出

瞳径の二乗の値です。入ってくる光の量は径ではなく面積に比例するためです。天体望遠鏡の場合，倍率が変えられるため「明るさ」は表示されませんが，その代わりに**集光力**が表示されています。集光力は次の式で表されます。

$$集光力 = (D/7)^2 \qquad (12\text{-}4)$$

式（12-4）中にある7は暗闇の中での目の瞳径です。つまり，集光力は目を基準にして，その何倍の光を集められるかを表していて，これも面積比になるので径の比の二乗になります。式（12-2）や式（12-4）からわかるように，望遠鏡の基本性能の理論値を決めるのは口径であり，倍率ではありません。そのため，世界中の天文学者はできるだけ口径の大きな望遠鏡を作ろうと努力しています。1999年に観測を開始したハワイ・マウナケア山にある日本のすばる望遠鏡は有効口径8.2 mの反射望遠鏡で，主鏡を一枚の鏡で作った光学望遠鏡としては当時世界最大でした(分割した主鏡や，電波観測を行う電波望遠鏡ではもっと大きいものがあります。)。

　ケプラー式の望遠鏡は対物レンズの像ができる位置に視野を制限する絞り（**視野絞り**）を置いて見える範囲を制限し，像が鮮明に見える

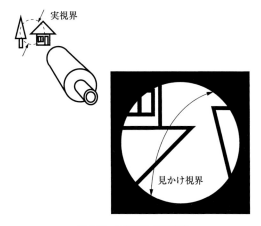

図12-5　実視界と見掛視界

範囲の外側の光が目に入らないようにしています。視野絞りで制限された，望遠鏡で一度に見える範囲のことを**実視界**（実視野角），望遠鏡を覗いたときに像が見える視界の大きさを**見掛視界**（見かけの視野角）といいます（**図12-5**）。

3 望遠鏡の設計

3.1 屈折望遠鏡

　屈折望遠鏡は凸の対物レンズを使いますが，玩具やごく低倍率のものを除き，対物レンズには2枚以上のレンズが使われています。屈折レンズには色収差があるため，像を拡大していくと色のにじみの影響で良く見えないためです。色収差の量はレンズの材料によって違うので，色収差の少ない材料で作った屈折力の強い凸レンズと，色収差の多い材料で作った屈折力の弱い凹レンズを組み合わせると，全体としては凸レンズで，しかも色収差が補正されたレンズができます。これを**色消しレンズ**（アクロマートレンズ）（**図12-6**）といいます。普通の色消しレンズは二色の色収差しか補正できませんが，異常分散ガラス（EDガラスなどと呼ばれています）や蛍石（フローライト）のような特殊な材料を使ったり，レンズを3枚使ったりしてもっと色収差を補正した対物レンズが使われることもあります。このような対物レンズを超色消しレンズ（アポクロマートレンズ）といいます。それぞれのレンズの色収差量を比較したのが**図12-7**です。この例では，波長400 nmから700 nmの範囲で，色消しレンズは単レンズのおよそ1/10，超色消しレンズはさらにその1/10程度にまで色収差が小さくできています。

図12-6　色消しレンズ

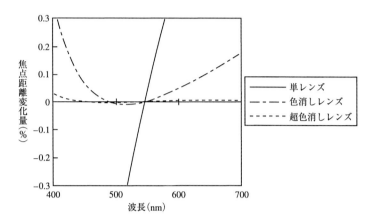

図12-7　色消しレンズ，超色消しレンズの色収差量の比較

3.2　反射望遠鏡・反射屈折望遠鏡

　反射のレンズは，屈折のレンズで問題となる色収差が無いという特長があります。加えて，光が表面で反射し中を通らないため材料の透明性や均質性が求められない，重さを裏面全体で支えられるというメリットがあります。そのため，口径の大きい望遠鏡を作るのに適しています。

　一方で，反射のレンズの場合，像は入ってきた光束の中にできるため，そこに接眼レンズを置いて観察することができません。そこで，反射望遠鏡ではもう一度鏡を使って像を光路の外に取り出します。像を取り出す鏡は光束の一部を遮ってしまいますが，口径が大きい望遠鏡であれば遮られる光の割合は小さく抑えられるので大きな問題にはなりません。逆に，小さい望遠鏡ではその影響が相対的に大きくなってしまうため，小さい望遠鏡には反射式はあまり使われません。

　反射望遠鏡は，像を取り出す方法で大きく二つに分けられます。一つは，**図12-8 (a)** のように平面鏡（斜めに置くので斜鏡と呼びます）を使って横に取り出すニュートン式，もう一つは**図12-8 (b)** のように曲面鏡を使って第一鏡（主鏡と呼びます）の後ろに取り出すカセグレン式です。カセグレン式は，主鏡と第二鏡（副鏡と呼びます）の形

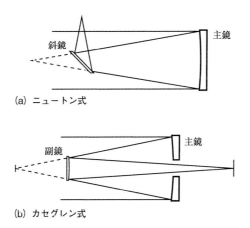

(a) ニュートン式

(b) カセグレン式

図12-8　反射望遠鏡の構成

状により色々なタイプが提案されています。

　ニュートン式や古典的カセグレン式の主鏡には，球面収差の発生を防ぐために放物面と呼ばれる非球面の一種が使われます。それに対し，近年の大望遠鏡で主流となっているリッチー・クレチアン式は，主鏡（凹）・副鏡（凸）ともに双曲面（またはそれに近い非球面）を使って性能を向上させています。これに，更に収差補正用の屈折レンズを加えて反射屈折望遠鏡とし，高性能化を図っているものもあります。

3.3　接眼レンズ

　ガリレオ式望遠鏡は高倍率にするのが難しいため，使われる接眼レンズもあまり研究されていませんが，ケプラー式望遠鏡用の接眼レンズは色々なタイプの接眼レンズが考えられています。**図12-9**にいくつかの例を示します。

　ハイゲンス式は凸面が対物レンズ側に向いた平凸レンズ2枚を並べた単純な構成です。光波の広がり方を説明するホイヘンスの原理で有名なHuygensが発明したもので，望遠鏡の接眼レンズは慣習上ハイゲンスと表記しています。安価なため，対物レンズ側の平凸レンズをメニスカスレンズに変えたミッテンゼー・ハイゲンス式とあわせ，以前

は多く使われていました。アッベ式やプレスル式は別名オルソスコピック（「整った像」の意味）ともいわれ，色収差も少なく非常に性能の良い接眼レンズです。しかし，これらの接眼レンズは視野周辺の像が収差でぼやけてしまうため，見掛視界を大きくすることができません。また，アイレリーフも短いため，高い倍率を得ようと接眼レンズの焦点距離を短くすると，非常に覗き辛くなるという

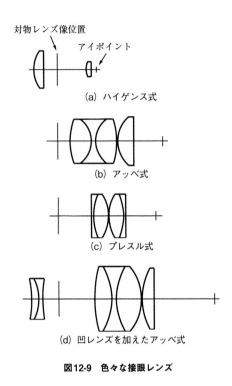

図12-9　色々な接眼レンズ

問題もありました。近年では，接眼レンズの最も対物レンズ側に凹レンズを置くことで，これらの問題を解決した接眼レンズも多くなっています。

4 像の反転系

4.1　プリズム式

　ケプラー式望遠鏡は倒立像になるため，地上の風景を見るには不便です。そこで，地上望遠鏡や双眼鏡では，像をもう一度反転させて正立像を得られるようにしています。その方法の一つが正立プリズムによるものです。プリズムの形式は何種類かありますが，双眼鏡などで

多く使われているのは**ポロプリズム式**（**図12-10**）と**ダハプリズム式**（ダハはドイツ語で「屋根」の意味）（**図12-11**）の二つです。ポロプリズム式は2組の直角プリズムの稜線を直交させ，底面を半分ずらして配置したものです。ダハプリズム式はダハプリズムと補助プリズムからなります。ポロプリズム式は比較的作りやすい直角プリズムを使うことで安価にできるという特長があります。ダハプリズム式はダハ面の加工が難しくポロプリズム式に比べて高価ですが，対物レンズと接眼レンズを直線上に配置でき，コンパクトにできるという特長があります。

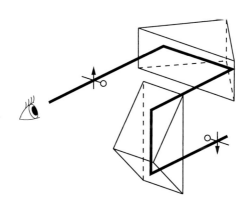

図12-10　ポロプリズム

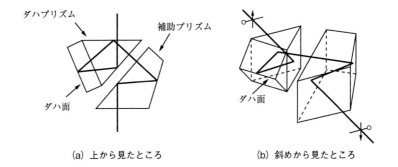

(a) 上から見たところ　　(b) 斜めから見たところ

図12-11　ダハプリズム

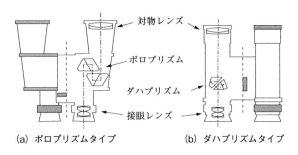

図12-12　双眼鏡の構造

図12-12にそれぞれのプリズムを使った双眼鏡の構造を示します。どちらの方式も，プリズム内部で面への入射角がある角度以上になると全ての光が反射する全反射現象をうまく利用して，光の損失をできるだけ抑えるようにしています。

4.2　リレーレンズ式

像反転系には，プリズムを使わずにレンズを使う方式もあります。**図12-13**のように，対物レンズと接眼レンズの間に等倍で再度結像させる光学系を挿入すると，像がもう一度反転するため正立像が得られます。このような方式をリレーレンズ式といいます。リレーレンズ式はプリズムを使う方法に比べると全長が長くなりますが，反射を使うプリズム式に比べて光軸が狂いにくいという利点があります。

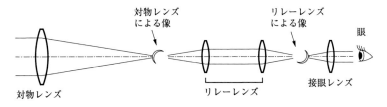

図12-13　リレーレンズ式正立望遠鏡

（竹内 修一）

やってみよう！実験 12-❶

　レンズ2枚を組み合わせて望遠鏡を作ってみましょう。OSA実験キットの凸レンズ（LENS A, f=125 mm）に凸レンズ（LENS B, f=35 mm）を組み合わせるとケプラー式の望遠鏡になります。凸レンズ（LENS A）に凹レンズ（LENS C, f=−25 mm）を組み合わせるとガリレオ式の望遠鏡になります。このとき，2枚のレンズの間隔を2枚のレンズの焦点距離の合計程度にすることが重要です。レンズの並びを逆にすると，小さく見えることも試してみましょう。

coffee break 12-❶　二次曲面と反射望遠鏡の設計

　放物線は物を放り投げた時にその軌跡が描く図形です。この放物線を対称軸周りに回転させてできる図形を放物面（パラボラ）といいます。同じように，楕円を回転させると楕円面，反比例のグラフの形である双曲線を回転させると双曲面と呼ばれる図形ができます。これらは，全て二次関数で表すことができるので二次曲面と呼ばれています。二次曲面には，焦点が二つあり，一方の焦点から出た光がその図形で反射すると全てもう一方の焦点に集まるという性質があります（図12-14）。

(a) 楕円面鏡

(b) 放物面鏡
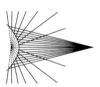
(c) 双曲面鏡

図12-14　二次曲面鏡による結像

　古典的な反射望遠鏡は，この性質を利用して設計されました。無限遠方にある星の光を集めるには一方の焦点が無限遠方にある放物面鏡が適しているため，ニュートン式やカセグレン式の主鏡には放物面が使われます。衛星放送を受信するパラボラアンテナもその名の通り放物面鏡です。副鏡に凸の双曲面を使うカセグレン式（派生した各種のカセグレン式と区別するため，古典的カセグレンと呼ぶこともあります。）は，主鏡の焦点と副鏡の焦点を重ねることで，副鏡のもう一方の焦点に光を

集められます。凹の楕円面の副鏡を使うグレゴリー式も二次曲面の特性を利用した光学系です。

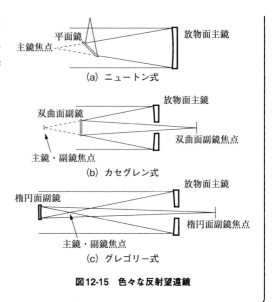

図12-15　色々な反射望遠鏡

第13章

光学機器（3） 顕微鏡

1 はじめに

　顕微鏡は，物を大きく見るためのもので，めがねや望遠鏡と並び歴史の長い光学機器です。顕微鏡が発明される以前，人はどうやって物を詳しく観察したのでしょうか。みなさんがお察しのように，直接目で見て観察するしかありませんでした。直接目で見る場合は，目を近づければ近づけるほど見かけの大きさは大きくなりますが，近づけすぎるとぼやけて見えなかったり目が緊張して疲れたりします。一般に見たい物から目を250 mm離せば，目が疲れることなく大きく観察できるといわれています。この250 mmを**明視の距離**とよびます。

　13世紀くらいから老眼鏡などのめがねが使われるようになりましたが，16世紀末くらいになるとめがねのレンズを組み合わせて物を拡大することが行われるようになりました。顕微鏡の発明は，1590年頃オランダのヤンセン父子によるといわれています。その後，イギリスのロバートフックが使った複式顕微鏡やオランダのレーウェンフックの単式顕微鏡が登場し，今まで肉眼では見えなかったものが観察できるようになり，世の中に大きなインパクトを与えました。ロバートフックがコルクの薄片を観察して小さい仕切り構造になっていることを発見し，それをセル（細胞）と名付けた話は有名です。また，レーウェンフックの製作した単式顕微鏡は倍率の高い虫めがねのようなものでしたが，バクテリアや赤血球や精子などを発見しました。

　19世紀後半頃からドイツのカールツァイス社やライツ社によって，現在の形に近い近代的な顕微鏡が開発されるようになり，医学や生物

学が大きな進歩を遂げました。20世紀になってから日本でも顕微鏡が作られるようになり，現在ではドイツと日本のメーカーが顕微鏡市場の多くを占めています。

顕微鏡はもともと観察のために光を利用し結像作用によって物体を拡大観察するもので，**光学顕微鏡**ともいわれます。光学顕微鏡以外にも，レーザー顕微鏡，近接場顕微鏡，透過型電子顕微鏡，走査型電子顕微鏡など顕微鏡と名のつく装置が色々あります。これらは拡大して観察するという目的は同じですが，光学顕微鏡とは原理がまったく異なるものです。本章では，光学顕微鏡について説明します。

2 顕微鏡の拡大原理

顕微鏡には，物を拡大して観察するための原理により，大きく2つのタイプがあります。一つが**単式顕微鏡**（一段階拡大），もう一つが**複式顕微鏡**（二段階拡大）です。現在の顕微鏡の大半は，複式顕微鏡を基本にしています。

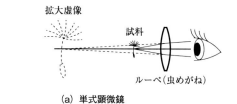

(a) 単式顕微鏡

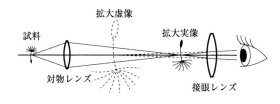

(b) 複式顕微鏡

図13-1　顕微鏡の拡大原理

単式顕微鏡は，**図13-1 (a)** に示すように凸レンズで物体を虚像として拡大観察するものです。ルーペ（虫めがね）での観察もこれにあたります。単式顕微鏡で観察した拡大像は正立して見えます。単式顕微鏡の拡大倍率M_Eはその凸レンズの焦点距離fで決まり，近似的に以下の式（13-1）で与えられます。この倍率を**ルーペ倍率**といいます。この式（13-1）より，例えば拡大倍率10倍のルーペや単式顕微鏡は，焦点距離が25 mmということがわかります。このとき，何に対して10倍大きく見えるかというと，明視の距離250 mm離して直接目で見た状態を1倍として，それに対して10倍ということです。

$$M_E = \frac{250}{f} \tag{13-1}$$

f：焦点距離（mm）

複式顕微鏡の場合は，**図13-1 (b)** に示すように，物体を第一の凸レンズで拡大した実像を作り，その実像をさらに第二の凸レンズで虚像として拡大して観察します。第一の凸レンズは物体に近いので**対物レンズ**，第二の凸レンズは目に近いので**接眼レンズ**とよびます。複式顕微鏡では，2段階で拡大するため大きな拡大倍率が得られやすいこと，また接眼レンズと目の距離も適度に離すことができるため観察がしやすいこと，レンズや光学部品を配置するスペースが取りやすいので光学系の性能や機能を高めやすいなどのメリットがあります。ただし，観察像は上下左右が反転した倒立像になります。複式顕微鏡の拡大倍率（総合倍率）M_Tは，対物レンズの結像倍率M_Oと接眼レンズの倍率M_Eのかけ算となり，式（13-2）で与えられます。例えば対物レンズが4倍，接眼レンズが10倍とすると，この時の総合倍率は40倍となります。

$$M_T = M_O \cdot M_E \tag{13-2}$$

M_O：対物レンズの結像倍率
M_E：接眼レンズの倍率

3 顕微鏡の構造

図13-2に顕微鏡の構造を示します。**図13-2 (a)** はなじみの深い学習用顕微鏡，**図13-2 (b)** は研究用などに使われる本格的な顕微鏡です。どちらも複式顕微鏡で，観察したい試料をスライドガラスとカバーガラスの間にはさんだプレパラートを作り観察します。また，試料を照明するために，**図13-2 (a)** では下方に簡易的な照明光学系として平面鏡または凹面鏡がついており，外光を反射させ試料を下方から照明します。**図13-2 (b)** では本格的な照明のための光学系が搭載されています。**図13-2 (a, b)** はどちらも試料を透過した光を観察するという点では同じです。

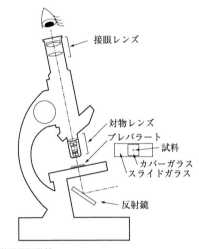

(a) 学習用顕微鏡

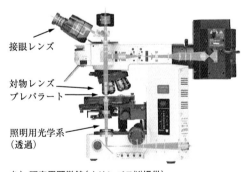

(b) 研究用顕微鏡（オリンパス㈱提供）

図13-2 顕微鏡の構造

4 顕微鏡光学系の実際

4.1 顕微鏡の分解能

顕微鏡ではどこまで細かな物が見えるのでしょうか。複式顕微鏡の倍率は式（13-2）で与えられますが，単に倍率を大きくしただけでは，細かいところまで観察できるとは限りません。例えば，対物レンズを100倍，接眼レンズを10倍にすると，総合倍率は1000倍となります。しかし，適切なレンズの選択をしないとみかけは大きく見えますが，細かいところがぼやけてはっきり見えていないという**無効倍率**になります。

図13-3 (a) のように，もともと離れた2つの点を対物レンズで結像させた場合，それぞれの点の像は実際には少し拡がったものになっています。**図13-3 (a)** では点像が拡がっているとはいえ，2つの点は接眼レンズで観察すると分解（分離）して見えます。このとき，対物レンズは$d1$の距離を分解して観察する能力を持っているといえます。一方，**図13-3 (c)** のように2つの近接した点を結像させたと

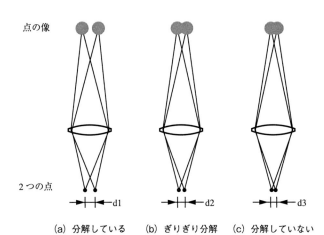

(a) 分解している　　(b) ぎりぎり分解　　(c) 分解していない

図13-3　顕微鏡の分解能

き，2つの点像は重なって見え，分解して見えません。**図13-3 (a)** と **図13-3 (c)** の境目の **図13-3 (b)** の状態，つまり2つの点像がぎりぎり分解して見えるとき，そのときのd2がこの対物レンズが分解して見ることのできる限界値つまり**分解能**になります。対物レンズで分解して見えた像は接眼レンズで劣化することなく拡大できるため，対物レンズの分解能が顕微鏡全体の分解能になります。分解能が高い顕微鏡では0.2 μm程度，つまり試料上の0.2 μmしか離れていない2点を区別して見ることができます。

　分解能に限界があるのは，対物レンズによって結像された点像が拡がるからに他なりません。ではなぜ，点像が拡がるかというと，2つの原因があります。一つは対物レンズの収差（＊第3章参照）であり，もう一つは光が波であることから生じる回折現象（＊第6章参照）です。通常，顕微鏡の対物レンズは収差を使用上問題ないレベルに補正してあるので，残る原因は回折現象ということになります。したがって，顕微鏡の分解能は回折現象による点像の拡がりによって決まります。対物レンズの分解能の値δは式（13-3）で与えられます。

$$\delta = 0.61 \cdot \frac{\lambda}{NA} \qquad (13\text{-}3)$$

　　　　NA：対物レンズの物体側開口数
　　　　λ：光の使用波長

ここで，λは観察に用いる光の使用波長で，可視光ならば0.55 μm程度です。NAは対物レンズの物体側開口数といわれる指標で，物体の周りの屈折率nと**図13-4**で示すような物体からの最大光線角度uで決

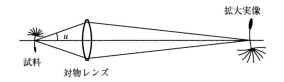

図13-4　対物レンズの最大光線角度u

まり，式（13-4）で与えられます。uが大きいほど物体から出た光の対物レンズへの取り込み率が増え，像も明るくなります。uは最大で90°までしかとれませんから，空気中ではNAは1を超えることはありません。空気中で使う実際の対物レンズでは，最大のNAは0.95程度です。

$$\mathrm{NA} = n \cdot \sin u \tag{13-4}$$

式（13-4）は，空気の場合には屈折率nを1としてNA=$\sin u$となりますが，もし試料の周りが空気ではなく屈折率が1より大きい液体のようなものだとすると，式（13-4）からその屈折率nがかかる分NAが大きくなります。この原理を使ってNAを上げたものが**油浸対物レンズ**です。屈折率の大きい油でプレパラートと対物レンズの間を満たすことで，顕微鏡のNAを大きくすることができます。通常よく使われる油浸油の屈折率は$n=1.52$程度です。油浸対物レンズでは，NAを最大で1.4くらいまで大きくすることができ，それに伴って顕微鏡の分解能を向上させることができます。例えば，浸油屈折率$n=1.52$，対物レンズNAを1.4，使用波長を0.55 μmとすると，式（13-3）より対物レンズの分解能は，0.24 μmとなります。

4.2 対物レンズ

対物レンズは，顕微鏡の最も重要な光学部品といえます。原理のところで説明したように，対物レンズは第一段階の拡大を行うためのもので，物体に近づけて，拡大された実像を形成します。**図13-1 (b)**

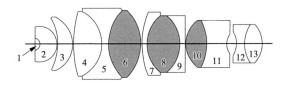

図13-5　60倍プランアポクロマート油浸対物レンズ（NA 1.35）の例
（オプトロニクス社「光学のすすめ」第13章より）

の原理図では対物レンズが1枚構成になっていますが，実際の対物レンズは，少ないものでも3枚，多いものになると15枚ものレンズで構成されているものもあります。レンズ枚数を増やすのは光学性能を向上させるためですが，その性能によって顕微鏡の見えが大きく左右されます。また，既に述べたように顕微鏡の分解能も対物レンズのNAでほぼ決まります。

　対物レンズはその性能を最大限発揮するために，レンズの収差を極限まで小さくする必要があります。特に，球面収差と色収差を補正することが重要です。球面収差の補正にはレンズ枚数を増やす必要がありますし，色収差は凸レンズと凹レンズを貼り合わせることにより補正します。この色収差の補正レベルが通常のものを**アクロマート**，高度に色収差が補正されたものを**アポクロマート**といいます。アポクロマートにするためには，**超低分散ガラス**とよばれる特殊なガラスが必須となります。また，像の平坦性を高めた（像面湾曲収差が少ない）レンズはプランという名前でよばれることがあります。

　図13-5は60倍のプランアポクロマート油浸対物レンズの例で，レンズ枚数は13枚でそのうち低分散ガラス3枚（グレー部の6, 8, 10）を使用しています。対物レンズはなるべく小さい光学系で拡大できるように，焦点距離が短くなっており，この対物レンズでは焦点距離が3 mm程度となっています。

4.3　接眼レンズ

　接眼レンズは，10倍程度の倍率（ルーペ倍率）を持ったものが多く用いられます。実際の接眼レンズは，2〜7枚程度のレンズ枚数で構成されています。接眼レンズのタイプとしては，望遠鏡（第12章）のものと同様で，さまざまなものがあります。

4.4　照明用光学系

　図13-2 (a) の学習用顕微鏡では，鏡による簡単な照明光学系となっていますが，**図13-2 (b)** のような本格的な顕微鏡では，ハロゲンラ

ンプやLEDなどから出た光でムラなく効率よく適切に試料を照明できるように工夫された複雑な**照明光学系**が搭載されています。照明は，基本的に試料を下から明るく照明するためのもので，試料を透過した光が対物レンズへ入射します。照明光学系は単に明るく照明すればよいわけではなく，明るさが均一でしかも対物レンズのNAに対して十分な光が入り，光量調整ができるなど多くの機能を持たせる必要があります。

そのために最もよく用いられる照明方式が**図13-6**に示すケーラー照明です。ケーラー照明には**開口絞り**と**視野絞り**という2つの絞りがついています。開口絞りを開閉すると照明の明るさだけが変化し，照明範囲は変わりません。視野絞りを開閉した場合には，照明の明るさは変化せず，照明範囲が変化します。ランプから出た光は，まずコレクターレンズ（集光レンズ）で開口絞りのところに光源像を作り，さらにコンデンサーレンズで光を均一にして試料に当てるようになっています。照明光学系による適切な照明は，顕微鏡の分解能を維持するためにも重要です。

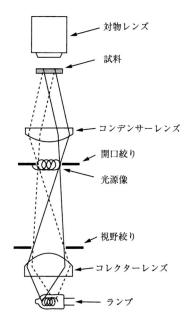

図13-6　ケーラー照明

4.5　モニター観察

顕微鏡は，元来眼で直接見て観察する装置でしたが，昨今は電子撮像技術の進展によりモニターを通して観察することも多くなっています。モニター観察するためには，本来接眼レンズへ進む光を切り

替えて，実像として結像させた位置にCCDなどの撮像素子を配置することにより撮像します。モニター観察の場合の撮像系は基本的に**図13-7**のようになっており，デジタルカメラで近接撮影するときの構成に似ています。モニター観察したときの拡大倍率には色々な定義がありますが，元々の試料の大きさとモニターに表示された映像の大きさの比率を倍率とよぶことが一般的です。

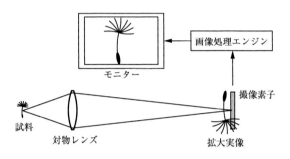

図13-7　モニター観察系

4.6　双眼実体顕微鏡

　これまで説明してきた複式顕微鏡は，試料を下から照明して観察するもので，試料をプレパラートとして準備する必要があります。これに対し，光を通さない試料でもそのままの状態で，簡単に観察したいというニーズに応えるのが**双眼実体顕微鏡**です。しかも，双眼実体顕微鏡は上下左右が反転していない正立像で観察でき，また多くのものは立体的に観察できるようになっており，工場での検査や作業などさまざまな場面で使われています。

　双眼実体顕微鏡の光学系の構造を**図13-8**に示します。試料物体をまず対物レンズで結像させますが，特徴的なのは右眼用光路と左眼用光路があるということです。これにより，物体を少し右側から見たときの像と物体を少し左側から見たときの像を別々に作ることができます。**図13-8**のものは高級なタイプで，物体に近いレンズ部分は左右共用になっています。

右側から見たときの像と左側から見たときの像をそれぞれ別の接眼レンズで拡大して，左右の眼で別々に観察し，観察される拡大像が物体を少し右から見たものと少し左から見たものにすることにより，両眼で見ると物体が立体的に見えます。**図13-8**の破線部には観察像を上下左右反転させるためのプリズム光学系が入っています。プリズム光学系には，望遠鏡の第12章で述べたようなポロプリズムなどが使われます。照明は観察光学系の外部から，LEDや蛍光灯で物体を直接照明します。

(槌田 博文)

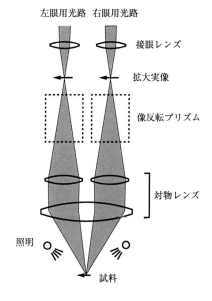

図13-8　双眼実体顕微鏡の光学系構成

やってみよう！実験 13-❶

　OSAキットの凸レンズ（LENS AまたはLENS B）を目に近づけて持ち，ルーペとして用いて身近にある物体を拡大して観察してみましょう。これが単式顕微鏡としての観察に相当します。LENS Aの焦点距離は125 mmですので，式（13-1）よりルーペ倍率は2.0倍となり，LENS Bは焦点距離が35 mmですので，ルーペ倍率は7.1倍となります。像の大きさの違いも実感してみて下さい。

　次に，LENS AとLENS Bの両方を使って複式顕微鏡による観察を行います。LENS Aを接眼レンズとして用い，目の近くに持ってきます。LENS Bを対物レンズとして用い，LENS Aから300 mmくらい離したところに持ってきます。このとき，LENS Aを通して見えるのはぼやけたLENS Bです。この状態で，目，LENS A，LENS Bの位置関係を固定したまま，身体全体を前後させて見たい物体をLENS Bの先45 mmくらいのところに持ってきます。うまく間隔を調整すると，ぼやけて見えていたLENS Bの中に，見たい物体の拡大像が見えてきます。間隔調整が微妙なので少し苦労しますが，挑戦してみて下さい。このとき，拡大像は上下左右が反転しています。これが複式顕微鏡としての観察です。このときの条件では，総合倍率8倍程度の倒立像が見えるはずです。

coffee break 13-❶ レーウェンフックの顕微鏡

17世紀の顕微鏡黎明期の頃,複式顕微鏡だけでなく単式顕微鏡の活躍がありました。**図13-9**は17世紀後半にレーウェンフックが製作した単式顕微鏡です。**図13-9(b)** のように針のところに試料をつけ,小さな球状のレンズを通して,反対側から観察していました。レンズの焦点距離を1 mm以下にすることで,300倍に迫る倍率が得られたといわれています。**レーウェンフックの顕微鏡**は,構造はシンプルですが,試料側のレンズ面の開口を適度な大きさにし,レンズの性能が最も発揮されるような工夫がされていたようです。当時は色消レンズが発明されていなかったため,複式顕微鏡では色収差が大きくて光学性能が悪く,むしろ単式顕微鏡の方が性能は良かったといわれています。ただし,目の位置を1 mm程度とレンズにかなり近づける必要があるため,観察には苦労があったと思われます。

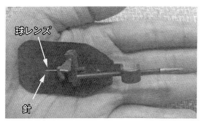
(a) レプリカ(日本顕微鏡工業会提供)

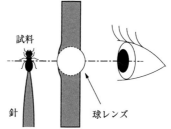
(b) 使用方法

図13-9 レーウェンフックの顕微鏡(口絵参照)

coffee break 13-❷　生体試料には透明のものが多い

　顕微鏡ではよく細胞などの生体試料を観察しますが，実はこれらの生体試料には無色透明のものが多く含まれています。せっかく拡大して観察しても，**図13-10 (a)** のように無色透明ではうまく見ることができません。そのために用いられるのが染色液です。染色することにより透明物体でもその輪郭を観察することができるようになります。

　しかし，染色液は生物にとっては有害なものが多く，生きた状態での観察には不向きです。そこで使われるのが，顕微鏡の特殊観察です。**位相差観察**（**図13-10 (b)**），微分干渉観察，暗視野観察などさまざまな方式があり，生体を痛めることなく透明物体を可視化して観察を行うことができます。

　最近では，生体に蛍光たんぱく質を導入して観察することも頻繁に行われるようになりました。この場合は，蛍光顕微鏡を用いて紫外線などの短い波長の光を試料に照射して出てくる蛍光を観察します。蛍光たんぱく質による観察では，単に細胞などの輪郭だけでなく，その機能に応じて光る蛍光を観察することができ，ライフサイエンス分野の発展に大きな寄与が期待されています。

(a) 通常観察による細胞

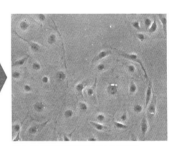
(b) 位相差顕微鏡による可視化

図13-10　透明試料の観察
オリンパス㈱提供

第14章

光学機器（4） カメラ

1 カメラ以前

『カメラ』と呼ぶと，少々昔はフィルムを使用する**コンパクトカメラ**や**一眼レフ**を指すことが多かったのですが，最近ではフィルムの代わりに**CCD**や**CMOS**といった撮像素子を使用するコンパクトデジタルカメラやデジタル一眼レフ，ミラーレスカメラが一般的です。またスマートホンやタブレット端末などにカメラ機能が搭載されていることが普通ですので，『カメラ』はここ数年でますます身近な存在になりました。また街中でよく見かける防犯カメラなども，『カメラ』の範疇に入ります。

カメラのルーツは**カメラオブスキュラ**と呼ばれる，写生用の装置です。代表的な例では**図14-1**のような外からの光を遮蔽できる部屋を用意し，その壁の一ヶ所にピンホールと呼ばれる，単なる小さな穴を開けた構造になっています。

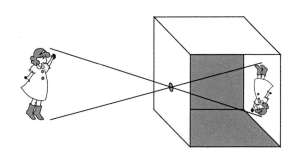

図14-1　カメラオブスキュラ

この部屋の外にある人物や風景からの光がピンホールを通り，反対側の壁面に上下左右が逆転した像を結ぶので，これをなぞることで絵画の下絵を作成していました。

カメラオブスキュラの例では現在のカメラで不可欠なレンズが使用されていないため，構造が非常に単純で製作が簡単である反面，結ぶ像が大変暗いというデメリットもあります。

2 カメラの原理

皆さんはカメラを何にお使いでしょうか。家族や友達，または旅行先での風景などを記録としてとどめるために使っているのではないでしょうか。カメラの機能について他の光学機器と決定的に異なるのは，この記録するという機能です。カメラの基本的な構造は**図14-2**のように，基本的には**レンズ**，**絞り**，**シャッター**と**フィルム**や**撮像素子**（イメージセンサーとも呼ばれる）といった画像記録を受け持つ部品から構成されています。

画像を記録する部分はフィルムであったり，画像を電気的な信号に変換することの出来る撮像素子であったりします。いずれにしてもカメラで写す被写体をレンズによってこの部分に像として結び，フィルムであればハロゲン化銀の化学反応で，撮像素子であれば電気信号として像の情報を記録します。撮像素子にはCCDやCMOSと呼ばれる素子が使われることが普通です。また絞りとシャッターはカメラに

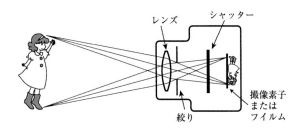

図14-2　カメラの基本的な構成

入ってくる光の量を調整する機能を持っています。

デジタルカメラの場合，**図14-3**のようにCCD，CMOSといった撮像素子上に形成された画像はA/D変換機によってデジタルデータに変換後，画像処理エンジンによってシャープネスや色合いなどの調整が行われ，画像データの圧縮後，電子データとしてメモリーカードに書き込まれます。

またフィルムや撮像素子にはその記録方式の違いのほか，大きさに様々な種類があります。現在よく使われる撮像素子には**表14-1**のような種類と大きさがあります。

表の中で**フルサイズ**と呼ばれるフォーマットはライカ版や35 mm版とも呼ばれ，一般的にフィルムカメラ用のフィルムとして使用されている一コマのサイズと同一です。また**APS-C**はアドバンストフォトシステムと呼ばれるフィルムカメラ規格のCサイズと同一サイズです。

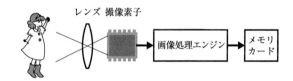

図14-3　デジタルカメラのデータ処理の流れ

表14-1　撮像素子の種類とサイズ

サイズ名称	外観	サイズ(mm)	面積比(％)	35 mm換算係数
フルサイズ		36.0×24.0	100	1.0
APS-C		23.6×15.8	43	1.5
4/3型		17.3×13.0	26	2.0
1型		13.3×8.8	14	2.7
1/3型		4.8×3.6	2	7.2

表14-1ではそれぞれの種類について縦横サイズとフルサイズの面積を100％とした場合の面積比を書きましたが、ずいぶんと大きさが異なる様子が分かります。スマートホンには小さなカメラと撮像素子が要求されますので、1/3型よりも更に小さい1/3.2型などが搭載されます。

　次にレンズですが、被写体の像を撮像素子の表面に結ぶ機能を持ちます。原理的には**図14-2**のようになります。

　被写体の一点から出た光は**図14-2**のようにレンズによってフィルムや撮像素子の表面上の一点に結びます。被写体表面の全ての点についてこの現象が引き起こされますが、これを結像と呼びます。撮影の目的に応じて様々な種類のレンズがありますが、基本的にはどのレンズも結像という意味では同じと考えてよいでしょう。

3　レンズの働き

　レンズにはその特性を表す色々な固有値がありますが、その中でも一番有名なのは**焦点距離**です。焦点距離と聞いて皆さんはどのようなイメージをお持ちでしょうか。『光が集光する点をレンズから測った距離』が漠然とイメージされているなら殆ど正解です。

　一番簡単に理解できるのが、レンズの厚さをゼロと考えた場合です。レンズに平行光線を入射させた時にレンズ反対側に作られる集光点までをレンズから測定した長さが焦点距離です。

　図14-4ではレンズに厚みを持たせてありますが、これをゼロと考えます。実際には厚みゼロのレンズは存在出来ませんから、あくまでも理想的な概念です。**図14-4**ではレンズ左側から平行光線を入射させて、レンズ右側に集光点があります。このようにレンズ断面と光線の様子を描いた図では慣例として、左側から右側に向かって光が進むことを前提としています。またレンズ中心を通る線（**図14-4**では一点鎖線で表しています）を光軸と呼びます。

　レンズの性能を表す有名なもう一つの指標は**Fナンバー**です。Fナ

第14章　光学機器（4）　カメラ

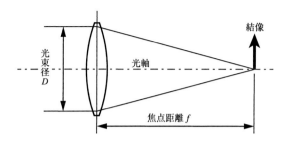

図14-4　焦点距離とFナンバー

ンバーはレンズが取り込むことの出来る光の量を示す値で，より多くの光を取り込めるレンズであるほどFナンバーの値が小さくなり，明るいレンズとなります。また，Fナンバーが同じならフィルム面や撮像素子面での光の明るさは等しくなります。Fナンバーは**図14-4**に示す概念で求めることが出来る値です。

図14-4の撮像素子の中心に集まる光の光束径Dと焦点距離fが分かれば，式（14-1）により求めることが出来ます。

$$Fナンバー = \frac{f}{D} \quad (14\text{-}1)$$

Fナンバーは小さいほど明るいレンズであると書きました。つまり式（14-1）の分母である光束径Dが大きくなるか，分子である焦点距離fが小さくなれば明るいレンズになるわけです。一眼レフの場合，通常のレンズで2.8程度，更に早いシャッターが切れる明るい高級レンズでは1.4を下回ります。一眼レフやコンパクトカメラ，ミラーレスカメラに搭載されているレンズですと，レンズそのものか，その付近に必ずこのFナンバーが焦点距離と共に記載されています。

Fナンバーは$\sqrt{2}$倍おきに数値が取られるのが普通で，
1.0，1.4，2.0，2.8，4.0，5.6…
という数値を取ります。隣同士のFナンバーでは同じ露出を得るためのシャッタースピードが2倍異なります。例としてFナンバー1.4の時，1/500秒のシャッタースピードで適切な露出が得られているならば，F

ナンバーを（レンズを交換するか，絞りを絞って）2.0にした時，同じ露出は1/250秒で得られます。

カメラレンズには色々な種類がありますが，レンズを交換できるカメラまたは**ズームレンズ**を搭載しているカメラでは焦点距離を変えることで撮影できる範囲である**画角**を変更することが可能です。例えば画角（写る範囲）の広いレンズを使用することで狭い室内でも大きな範囲を撮影でき，望遠レンズを使用することで遠くの被写体を大きく撮影できます。この撮影可能な範囲である画角は，実は焦点距離に依存します。一般的には焦点距離の短いレンズを使えば広角撮影が，長いレンズを使えば望遠撮影が可能になります。

それでは焦点距離が変わると画角が変化するメカニズムについて説明します。

図14-5ではレンズ左側から角度を持った光線が入射し，レンズ右側の像面で高さyの所に集光している様子を描いています。通常カメラレンズは複数枚で構成されていますが，ここでは単純化するために一枚にしてあります。

レンズの焦点距離fと角度θ，集光高さyの間には式（14-2）で示される関係があります。

$$y = f \tan \theta \qquad (14\text{-}2)$$

例えばyがちょうどフィルムまたは撮像素子の中心から端までの距離だとすると，角度θはこのレンズが持つ最大記録範囲，つまり画角と

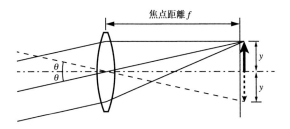

図14-5　レンズの焦点距離と画角

いうことになります。(正確にはフィルム反対側の端に向かう光線が同様に角度θを持ちますので,全画角は2θになります。上記のθは半画角と呼びます。)

カメラが決まればフィルムまたは撮像素子の大きさ,すなわちyは決まってしまいますので,画角を変えるには焦点距離fを変えるしかありません。例えば画角を大きく取りたい場合はθが大きくなります。θが大きくなれば$\tan\theta$も大きくなりますので,式(14-2)に従って焦点距離fを小さくする必要があります。これがカメラの焦点距離と画角の関係です。

また逆に,撮像素子のサイズを変更するとyの値が変わることになります(撮像素子のサイズについてはカメラの原理のところで説明したとおりです)。この時,同じ画角θを得るには焦点距離fを変更する必要があることは式(14-2)からも明らかです。一般的に人間の目は大体の形が見える範囲の画角θが約25度程度と言われています。そのためこの画角を撮影することの出来るレンズを**標準レンズ**と呼んでいます。フルサイズの撮像素子を使用する場合,この標準レンズの焦点距離は約50 mm程度となりますが,APS-Cサイズの撮像素子の場合はどうでしょうか?計算してみますと約30 mmの焦点距離となります。すなわち使用する撮像素子のサイズに応じて同じ画角を得ることが出来るレンズの焦点距離は変化します。撮像素子のサイズが小さくなればなるほど同じ画角を得るためにはレンズの焦点距離を短くする必要がありますが,一般的に焦点距離が短くなるほどレンズのサイズは小さくなる傾向にあるため,後述するスマートホンは小さな撮像素子を使うことでレンズも小さくなり,全体的に非常に小さなカメラが実現可能となっています。

4 さまざまなカメラのタイプ

4.1 コンパクトカメラ

　コンパクトカメラはフィルム時代によく見られたタイプのカメラです。**図14-6**のように肉眼で被写体を覗くための光の経路（ファインダー光学系と呼びます）と，フィルムに像を結ぶための光の経路は別になっています。このような場合，十分に遠方にある被写体を撮影する場合は問題ありませんが被写体にカメラが近づくほど，目で見る領域や場所と実際に撮影される領域にズレが生じます。これを視差と呼びます。しかしながら光学系が単純で名前のとおりコンパクトになることや，比較的安価であるメリットもあり，フィルム時代には大変ポピュラーなカメラでした。

　このタイプのカメラはデジタル時代になりますとファインダー光学系が廃止され，代わりに液晶によるファインダー（**EVF**：electronic view finder）や背面液晶ビューアが搭載されます。このようなカメラは撮影に用いるレンズを通して撮像素子に結ばれた像をリアルタイムにカメラ背面にあるファインダーや液晶画面で見ることが出来るようになっています。このため**図14-6**に示す視差は発生しません。

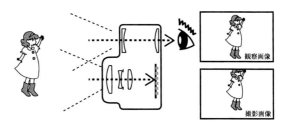

図14-6　コンパクトカメラの視差

4.2 一眼レフ

　一眼レフは一般的にレンズ交換が可能で，カメラ上部に特徴的な

第14章　光学機器（4）　カメラ

出っ張りがあるカメラです。またレンズの種類やアクセサリー類が大変豊富で大小のストロボを装着したり，特殊な効果を出したりするためのフィルター，顕微鏡や天体望遠鏡に装着するためのアクセサリーが提供されているなど，様々な撮影目的に汎用的に使用することの出来る万能カメラです。

　図14-7（a）（b）に示すようにファインダー光学系と撮影するための光学系が共用されており，レンズと撮像素子の間に挟まれた可動式のミラーでこれを切り替えるようになっています。見る光学系と撮影する光学系が共用されているため，コンパクトカメラに見られたような視

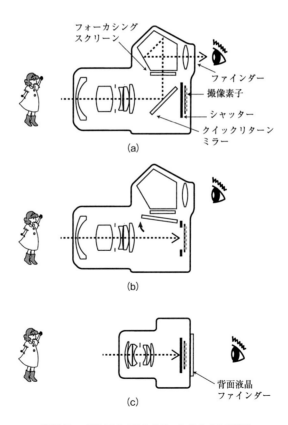

図14-7　一眼レフカメラとミラーレスカメラの構造

差は発生せず，見たままの画像を得られることが最大のメリットです。

　撮影前はミラーが**図14-7 (a)**の状態ですがシャッターボタンを押した瞬間，ミラーは**図14-7 (b)**の状態になります。更に撮影が終了すると同時に，ミラーはまた**図14-7 (a)**の状態に復帰しますがこの一連の動作が一瞬のうちに流れ作業的に行なわれるため，ミラーは**クイックリターンミラー**とも呼ばれます。

　このように視差が発生しないメリットの一方で設計上のデメリットもあります。画角を広く取るためにレンズの焦点距離を短くして設計すると，レンズと撮像素子の間隔が短くなる傾向にあります。このため焦点距離の短い広角レンズを装着する場合，可動式ミラーが占めるのに必要な空間を取ることが出来ません（つまり一眼レフには使用できません）。この欠点を克服するために使用されるのが後述する**レトロフォーカスレンズ**で，レンズ先頭に配置された凹レンズの作用により，焦点距離が短いままレンズから撮像素子までの距離を長く取ることが可能になっています。このため一眼レフでは広角単焦点レンズは全てこのタイプを採用しています。つまりレトロフォーカスレンズはカメラ側からの要請で発達したレンズタイプです。

4.3　ミラーレスカメラ

　ミラーレスカメラは言わば，レンズ交換式のEVFもしくは背面液晶ビューア搭載コンパクトカメラです。つまり一眼レフのレンズ交換可能な特長，コンパクトカメラのコンパクト性，EVFによる視差の無いファインダーなど，良いとこ取りのカメラです。特徴としてはミラーレスの名のとおり，一眼レフにあった光路切り替え用の可動式ミラーが存在しません。

　図14-7 (c)はミラーレスカメラの図ですが，**図14-7 (a)**または**図14-7 (b)**の一眼レフの図と比較すると前述のとおりミラーが存在しません。このため光学ファインダーの代わりにEVFまたは背面液晶ビューアを搭載しているのが普通です。更に一眼レフでミラーが入っていた空間をそのまま省略できるため，カメラボディのサイズ

は格段に小さくなります。また短い焦点距離のレンズとしてレトロフォーカスレンズのタイプを使う必要が無いためにレンズの大きさも比較的小さくなります。

4.4　スマートホン用カメラ

スマートホンやタブレット端末には必ずと言っていいほど，カメラ機能が搭載されています。このような機器類は大抵，小型化・薄型化を強く求められますからレンズもそれに応じて大変小さなものになります。

現在ではスマートホンの厚みが7 mm程度です。この厚みの中にレンズや撮像素子を詰め込まなくてはならないため，カメラ自体大変小型・薄型の構成になっています。このためレンズの形状にも工夫がありますが，画角のところで説明したように，小さな撮像素子を使うことでこれを達成しています。現状，**図14-8**のように4〜5枚程度のレンズを使用しています。

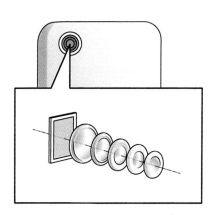

図14-8　スマートホン用レンズ

5　各種カメラレンズ

カメラのレンズには撮影用途に応じて様々なタイプのレンズが存在

しますが，実はレンズを使用することのデメリットがあります。簡単に言えばこれは被写体上の一点が像の一点に結像せず，ある程度のボケが生じてしまう現象ですが，これを少しでも改善すると同時に高性能化・高機能化するためカメラ用のレンズは一般的に複数枚のレンズから構成されます。ここでは代表的なレンズについてご紹介します。

図14-9には様々なカメラレンズのタイプの中から一例を列挙しました。実に様々なタイプのレンズがあることがお分かりかと思います。

この中ではズームレンズだけが焦点距離を変化させることの出来る唯一のレンズです。その他は焦点距離が予め決まっていて変化させることの出来ない単焦点と呼ばれるレンズです。

図14-9 (a) の**トリプレットレンズ**はこの中でも一番歴史が古く，19世紀に発明されたレンズですが枚数が少ない割には理にかなった大変優秀なレンズです。筆者は美しさと潔さを感じます。

次に**図14-9 (b)** の**ガウスタイプレンズ**ですが，単焦点レンズの中で標準レンズとして最も汎用的に使われるレンズタイプです。絞りに対して左右対称（あるいは対称に近い）構成であるためレンズを高性能化することが比較的容易で，高性能であることも特徴の一つです。このため後述するレトロフォーカスレンズやズームレンズの一部にこのタイプのレンズが部分的に使われることもしばしばです。

図14-9 (c) のレトロフォーカスレンズはカメラ側の要請から生まれたレンズであることは既に述べた通りです。一眼レフカメラは，レンズとフィルムや撮像素子の間に可動式ミラーが入るスペースを必要とします。この目的のため図のようにレンズの先頭に全体で凹レンズとして働くレンズまたはレンズ群を加えることで，レンズと撮像素子の間の距離を長く取れるように工夫されています。しかし，このような工夫のため，同じ焦点距離を持つ非レトロフォーカスレンズと比較するとレンズが大型化するデメリットもあります。

次に**図14-9 (d)** のズームレンズですが最近ではズームレンズこそが一般的な扱いを受け，今まで説明した単焦点レンズを使う人はかなり少なくなったように感じます。これはズームレンズを使うことで焦

第14章　光学機器（4）　カメラ

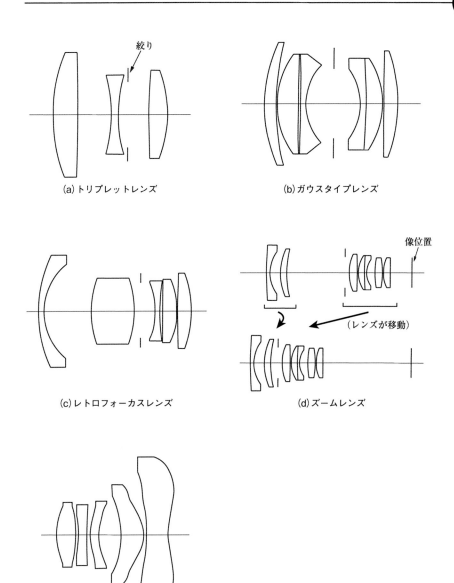

(a) トリプレットレンズ　　　(b) ガウスタイプレンズ

(c) レトロフォーカスレンズ　　(d) ズームレンズ

(e) スマートホン用レンズ
（カンタツ㈱公開特許　特開 2013-222172 より）

図14-9　各種カメラレンズ

点距離を変え広角レンズ化することで広い空間を一度に撮影したり，望遠レンズ化して遠くの被写体を引き寄せて大きく拡大して撮影したりするといったことが一本のレンズで可能になり，使い勝手が大変良好になるためです。またレンズ設計技術の向上に応じて焦点距離を変化させることの出来る幅も年々大きくなる傾向にあり，ますます利便性が高くなってきています。ズームレンズは複数のレンズをいくつかのグループに分けて，それぞれのグループがお互いに間隔を変えることで焦点距離を変化させることを特徴としています。

図14-9 (e) のスマートホン用レンズはとにかく小型化が求められます。通常，レンズの高性能化には複数枚のレンズを使用する必要があるのですが，大雑把に言ってレンズ枚数が増えるほど高性能化しやすくなります。しかしこのような機器類に搭載されるレンズは極端な小ささを求められるため，高性能化と小型化が相矛盾する，設計が非常に困難なレンズの代表例です。この矛盾を解決するために非球面を多用した設計となっています。

通常のカメラレンズは光学用のガラスを用いて作られます。ガラス素材で**非球面レンズ**を作ることは不可能ではありませんがコストが高くなることから，多くのカメラレンズでは球面ガラスレンズの枚数比率が高いのが普通です。

一方でスマートホン用のレンズは極端な非球面を多用し，数少ない構成レンズ枚数で大変効率的に高性能化を行っています。またレンズ素材も現在では構成レンズの全てがプラスチックを用いていると考えて良いでしょう。これは非球面レンズを金型成形で大量に安く作るという意味でも合理的です。**図14-9 (e)** に掲載するのはスマートホン用レンズの一例ですが，一見して分かるような強い非球面レンズを使用しています。この例では全ての面が非球面ですが特に右のレンズほど非球面度合いの強さがはっきりと分かります。

（金指 康雄）

やってみよう！実験　14-❶

　OSAの実験キットには二種類の凸レンズが含まれています（LENS AとLENS Bです）。このレンズを使って実際に結像を確かめてみましょう。

　カメラの被写体に相当する物体としては電球や蛍光灯など，それ自体が強い光を発する物を選ぶと良いでしょう。例えば天井の照明などを使います。照明の直下である程度の距離を取って（1 m以上），LENS Aの面を照明に向けて持ちます。照明に向けるLENS Aの面は表裏どちらでも構いません。そしてレンズの反対側に名刺など白っぽい紙を置いた状態で，レンズを紙に対してピントを合わせるように紙とレンズの間隔を動かして調整してみましょう。いかがでしょうか？紙にくっきりとした照明の像が確認できると思います。大変簡単ですがこれがカメラの基本機能です。

　次にLENS Bに取り換えて同じことを試してみてください。今度はずいぶんとレンズと紙が近い状態でピントが合ったと思います。LENS AとLENS Bはそれぞれ焦点距離が異なり，LENS Aが12.5 cm，LENS Bが3.5 cmです。スクリーンとなっている名刺をフィルムや撮像素子と考えますと，LENS Bの方が照明の像が小さい分，撮影可能範囲が広くなっていることも確認できると思います。これが焦点距離の違いによる画角への影響です。

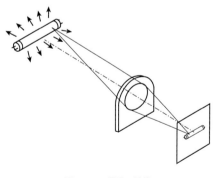

図14-10　電球の結像

coffee break 14-❶

　レンズの評価や設計を行うにあたっては，実際にレンズを製作するよりも計算によるシミュレーションによって画質を評価する方がコスト的にも時間的にも有利になります。

　一方で評価や設計には非常に多くの光線をシミュレーション上のレンズに通してフィルム全体の複数のポイントで画質の評価を行わなくてはなりません。単にレンズのシミュレーションを行うだけなら評価は一回で済みます。しかし，レンズの設計となるとレンズ面のカーブや厚み，間隔，ガラス材料などを少しずつ変化させながらより良い方向に設計を導くため，何回も評価を繰り返す必要があります。

　現在ではコンピューターを使えば良いのですが，レンズ設計理論が確立し始めた時には手計算や数表を使っての，膨大な計算作業を繰り返す必要がありました。

　当然そのためにはなるべく少ない計算量で目的を達することが出来るような，計算量を減少させる工夫があったわけです。しかしそれでも十分な画質をもたらすレンズ設計には膨大な作業が必要だったようです。

　そのような中で，理論的に設計された**ペッツバールレンズ**の設計者，ペッツバールはその計算のためにオーストリア軍砲兵隊の力を借りた話はレンズ設計者の中では有名な話です。

　命がかかっていますから砲兵隊は敵陣までの距離や風，湿度の影響などを考慮して，敵よりも素早く弾道計算を行う必要があります。このため正確な計算を迅速に行う能力に長けていたようです。文献によりますと，1840年頃ペッツバールはオーストリア軍砲兵隊の下士官2名，砲手8名の計10名の計算能力を6か月も費やしてレンズの設計を行ったとあります。現在のコンピューターでペッツバールレンズの設計を行えば恐らく数分〜十数分で達成できるはずです。現在の高性能レンズの設計はコンピューター抜きには語れません。

第14章 光学機器（4） カメラ

coffee break 14-❷

　フィルムカメラの時代には長らく一般的にフルサイズのフィルムが使用されていたため，撮影に使用するレンズの焦点距離でおおよその撮影できる範囲・画角の予想が可能でした。特に経験豊富なユーザーにその傾向が顕著でした。

　しかし本文中でも書いたようにデジタルカメラには様々な大きさのセンサーが存在します。このため同じ焦点距離のレンズをフルサイズのカメラとAPS-Cのカメラで使用しても随分と画角が異なる結果となってしまいます。このため例えばAPS-Cカメラでフルサイズカメラ相当の画角が得られる焦点距離を本来の焦点距離とは別に，『フルサイズ換算焦点距離』とか『35 mm換算焦点距離』と呼んでいます。

　表14-1の右側に各センサーのサイズと共に35 mm換算係数を掲載しました。

　例えばAPS-Cサイズのセンサーを用いるカメラを使用する場合，レンズ焦点距離を1.5倍すればフルサイズの焦点距離と同等になるという意味です。実例をあげますと，APS-Cカメラで40 mmの焦点距離のレンズを使用した場合，40 mm×1.5=60 mmですから，フルサイズカメラで60 mmの焦点距離のレンズを使用した場合に得られる画角と同じになります。

第15章

光学機器（5） 内視鏡

1 はじめに

　内視鏡とは，体の中や機械の中など外からは見えない空間を狭い入り口を通して観察するための道具です。人の体の中を見たいという願望は古くからありましたが，実用に耐えられるものはなかなか登場しませんでした。1950年に胃カメラが開発され，それを一つの契機として内視鏡が飛躍的に発展し，現在では医療や検査などの分野において，なくてはならないものとして使われています。

2 内視鏡とは

2.1 内視鏡の種類

　内視鏡には，大きく分けて医療用と工業用があります。医療用は，病気の診断や治療のために医師によって使われるものであり，工業用は，機械や工場の検査などのために使われるものです。また，内視鏡には，**軟性鏡**（曲がるもの）と**硬性鏡**（曲がらないもの）があります。軟性鏡は，挿入部分が自在に曲がり，先端部を見たい方向に向けることができます（**図15-1 (a)**）。硬性鏡は，変形しないように硬い金属などでできています（**図15-1 (b)**）。さらに最近では，口から飲み込んで体内を通過させて用いるカプセル内視鏡も使われるようになりました（**図15-1 (c)**）。

第15章　光学機器（5）　内視鏡

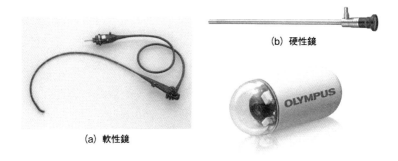

(a) 軟性鏡
(b) 硬性鏡
(c) カプセル内視鏡
（直径 φ11 mm，長さ 26 mm）

図15-1　各種内視鏡の外観
オリンパス㈱提供

2.2　医療用内視鏡

　医療用内視鏡には，**表15-1**のように体のさまざまな部位を観察するものがあり，口や肛門などの人体開口部から挿入して観察するものと，腹部などの体表面に小さな穴をあけて，その穴から挿入して観察するものがあります。人体開口部から観察するものには，よく知られている胃や大腸の検査用などがあり，これらには挿入や観察をしやすくするために軟性鏡が多く使われます。それに対して，泌尿器や生殖器用には，変形しない構造を持つ硬性鏡が多く使われています。

　また硬性鏡は，体表面にあけた穴から観察する際にも使われています。最近では，開腹手術をするかわりに，腹壁にあけた穴から挿入し

表15-1　医療用内視鏡が使用される主な人体部位

消化器系	食道，胃，十二指腸，胆道，小腸，大腸
呼吸器系	気管，気管支，鼻
泌尿器系	尿道，膀胱，尿管，腎臓
生殖器系	子宮，卵管
その他	腹腔，関節腔，脳室，血管

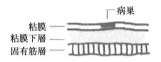

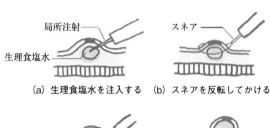

図15-2 内視鏡による治療の例(粘膜切除術)
オリンパス㈱おなかの健康ドットコム (http://www.onaka-kenko.com) 提供

た内視鏡による映像を見ながら治療を行う内視鏡下外科手術が普及してきています。内視鏡下外科手術では,開腹をしないため患者の負担を大きく減らすことができます。

軟性鏡,硬性鏡にかぎらず,医療用内視鏡では,診断だけではなく治療ができることも重要な特徴です。内視鏡による治療としては,内視鏡先端部から処置具を出して病変部を切除する方法などがあります。図15-2は,高周波スネアとよばれる電気を流せる細いワイヤーを使った粘膜切除の例です。

2.3 工業用内視鏡

工業用内視鏡は,航空機や自動車のエンジン,ガス管,水道管,原子炉など,通常では直接見ることのできない空間内の検査などに使われます。また,工業的な検査以外にも,生き物の巣穴観察や,古墳の内部観察,災害時におけるがれき下の生存者確認などさまざまな用途

に用いられます。工業用内視鏡は屋外で用いられることが多いため、より堅牢な作りになっています。

3 内視鏡の歴史

3.1 胃カメラ以前

内視鏡の起源は、古代ギリシャ・ローマ時代にさかのぼるといわれており、古くから痔核などを観察するものがありました。単に体内に挿入した管の管径を広げて肉眼で奥を観察するものですが、ポンペイの遺跡からもその原型と見られる器具が発見されています。

管を通して直接生体内の観察を最初に試みたのはドイツのボッチーニで、1805年にろうそくの光を通して照明する導光器とよばれる挿入管を通し、尿道や直腸の観察を行いました。初めて人間の胃の中を観察したのはドイツのクスマウルで、1868年のことです。胃鏡とよばれる曲がらない金属管を、剣を呑み込む大道芸人に飲み込ませて観察したとされていますが、大きな苦痛を伴うもので、実用にはほど遠

図15-3　クスマウルの胃鏡による観察
Victor R. von Hacker: "Ueber die Technik der Oesophagoskopie,"
Wiener Klinische Wochenschrift, 9 (1896) 92, Fig. 3. より図を引用

いものでした（**図15-3**）。

　1880年頃，ドイツのニッツェとライターがレンズを巧みに配置した光学内視鏡を製作しました。その構成は現在のリレーレンズ方式の硬性鏡の原型をなすものでした。1932年には，ドイツのシンドラーが，胃の内部を観察するために，挿入しやすく管が多少曲がっても見えるよう多数のレンズを配置した胃鏡を開発しました。これが世界初の軟性鏡です。

3.2　胃カメラの登場とその後

　世界最初の**胃カメラ**は，1950年に日本で誕生しました。東京大学医学部付属病院分院の宇治達郎医師がオリンパス光学工業㈱（現オリンパス㈱）に「胃の中に入れて胃内壁を撮影するカメラはできないか。」と頼んだのがきっかけでした。試行錯誤の末，撮影レンズと白黒フイルム，豆ランプを搭載した胃カメラが完成しました（**図15-4**）。搭載された撮影レンズは，焦点距離3.6 mm，画角82度の単レンズでした。しかし，この胃カメラはファインダーがなかったため，どこを撮影しているかわからず，病室を暗くし，腹部内のランプによって体の表面がぼんやり光るのを確認して位置を知るのが唯一の手段でした。1954年にはフイルムがカラー化されるなど徐々に進化していきましたが，そこには医師と技術者の想像を超えた苦労がありました。

　1957年，米国のハーショヴィッツらにより**ファイバースコープ**が開発されました。このファイバースコープは，写真を撮影して後で現像する必要のある胃カメラとは異なり，胃内部の様子を外部からリアルタイムに直接観察することができるものでした。1964年には，オリンパスがファイバースコープ付胃カメラを商品化し，これによって胃カメラにファインダー機能がつきました。さらに，そのファインダー像をフィルムカメラで撮影して写真を得ることもできるようになりました。

　その後，内視鏡はさらに進化を続け，現在では超小型ビデオカメラを内視鏡先端に組み込んだ形式の**ビデオスコープ**が主流となっていま

第15章 光学機器（5） 内視鏡

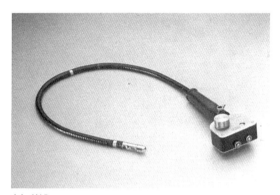

(a) 外観

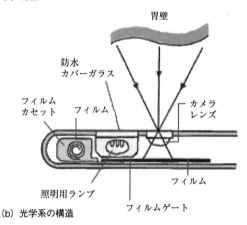

(b) 光学系の構造

図15-4 世界で初めてオリンパスで開発された胃カメラ
オリンパス㈱おなかの健康ドットコム（http://www.onaka-kenko.com）提供

す。このアイデアは，1967年のシェルドンの米国特許に始まるものですが，小型CCDの登場を経て1983年に米国のウエルチアレン社によって初めて開発されました。

　ビデオスコープによって，観察は光学ファインダーからテレビモニターに変わり，記録も容易になり，画像処理により診断機能を向上させることも可能となりました。また，現在では特定の波長の光を用いた特殊光観察などにより，病変部をより発見しやすくする技術が進展

表15-2 内視鏡の進展と各方式の特徴

年代	方式	概要	ファインダー観察	記録メディア
1950年～	胃カメラ	先端レンズによる像をフィルムに記録	できず	写真フィルム
1957年～	ファイバースコープ	先端レンズによる像をイメージガイドファイバーで伝送し、観察と記録	光学ファインダー	写真フィルム
1983年～	ビデオスコープ	先端レンズによる像を電子撮像素子で電気信号に変換して伝送し、観察と記録	TVモニター	電子記録

しています。**表15-2**に内視鏡の進展と各方式の特徴をまとめました。

4 内視鏡の光学系

4.1 内視鏡光学系の基本構成

医療用内視鏡も工業用内視鏡も、光学系の構成としてはほぼ共通しているので、以下、医療用内視鏡の光学系について述べます。現在使われている内視鏡光学系の基本構成を**図15-5**に示します。体内などは光がない真っ暗な世界のため、照明が必要であり、光を外部から**ライトガイドファイバー**とよばれる光ファイバーの束で導いて照明しま

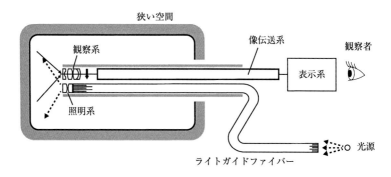

図15-5 内視鏡光学系の基本構成

表15-3　像伝送系の種類と特徴

像伝送方式	用いられる内視鏡	概要	観察
電子撮像方式	ビデオスコープ	電子撮像素子により電気信号に変換して像情報を伝送	TVモニター
光ファイバー方式	ファイバースコープ	イメージガイドファイバーによる像の伝送	光学ファインダー
リレーレンズ方式	硬性鏡	レンズによる光学像の伝送	光学ファインダー

す。照明の光源としては，明るいキセノンランプなどが用いられます。最近では，レーザー光で蛍光体を光らせ観察する方式なども登場しています。

　内視鏡による観察は，照明により照らされた観察部位を対物レンズで結像させ，その像を像伝送系によって外部へ導き行います。対物レンズで結像した像を伝送する像伝送系には，大きく分けて3つのタイプがあります。現在の主流は，CCDなどの固体撮像素子で電気信号に変換して伝送する電子撮像方式です。その他に，イメージガイドファイバーとよばれるファイバーで像を伝達する光ファイバー方式とリレーレンズとよばれるレンズを直列に並べて像を伝達するリレーレンズ方式があります。各々の像伝送系の特徴を表15-3にまとめました。

4.2　ビデオスコープ（電子撮像方式）の光学系

　ビデオスコープは，対物レンズにより形成された像をCCDなどの電子撮像素子によって電気信号に変換し，その信号によってTVモニターに像を表示するものです。カラー画像を得るための撮像方式としては，以下の二通りがあります。

　一つは，通常のビデオカメラで一般的なモザイクフィルターを使った方式，もう一つは面順次式とよばれ，回転するカラーフィルターによって，体内を照明する照明光を時分割で赤(R)→緑(G)→青(B)と切り換えながら，モノクロ撮像素子で撮影する方式です（図15-6）。面順次式では，モザイクフィルター方式に比べて，色再現性と解像力がよいという特徴があります。

　医療用ビデオスコープの先端部の様子を図15-7に示します。スコー

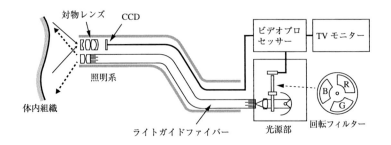

図15-6　面順次式ビデオスコープの構成

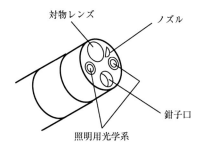

図15-7　医療用ビデオスコープ先端部の様子

プ先端には，対物レンズだけでなく，ライトガイドによる照明用光学系，治療器具を通すための鉗子（かんし）口，空気や水を送り出すためのノズルなど，さまざまな機能が詰まっています。したがって，スコープ先端部自体の太さが例えばϕ8 mm程度であっても，光学系に許される大きさはϕ2 mm程度の小さなものとなります。

　ビデオスコープに用いられる対物レンズの例を**図15-8**に示します。対物レンズは，病変部の見落としを少なくするために超広角（画角120〜170度）となっています。また，レンズのフォーカス機構を省略し，レンズの絞りをなるべく絞って，いわゆるパンフォーカスといわれるピントの合う範囲を広くした状態で用いることが多くなっています。

　レンズ系のタイプとしては，**図15-8**のように物体側に凹レンズ群，

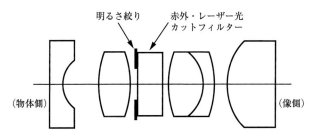

図15-8 ビデオスコープの対物レンズの例

像側に凸レンズ群を持ついわゆるレトロタイプが多く用いられます。光学系内部には赤外カットフィルターの他，治療用YAGレーザーの光が画像に及ぼす影響をなくすためのYAGレーザーの波長をカットするフィルターが用いられています。

4.3 ファイバースコープ（光ファイバー方式）の光学系

ファイバースコープは，光学系による像伝送系であるにも関わらず，やわらかく曲がることが特徴です。これを可能にしたのが光ファイバーの束を整列配置させた**イメージガイドファイバー**です。**図15-9 (a)** のようにイメージガイドファイバーの片方の端面に像を投影すると，光ファイバー1本1本が撮像のための画素として働き，その濃淡や色をもう一方の端面に伝送することができ，その端面から観察します。このとき，像を忠実に再現するにはファイバー束は整列順序が乱れてはならず，しかもやわらかく曲げるために両端のみが固定されかつ中間部はばらばらで自由に曲がるような構造を持たせる必要があります。光ファイバーの束は数千本から数万本からなっており，各繊維径は$\phi 7 \sim 10 \mu m$です。

一本一本の光ファイバーは，屈折率の高いコアと屈折率の低いクラッドからなっています（**図15-9 (b)**）。ファイバーに入射した光は，コアとクラッドの境界面で全反射を繰り返しながら伝播します。コアだけでも全反射して伝播することはできますが，密着配置すると隣のファイバーに光が漏れてしまうため，周りにクラッド層（1〜2

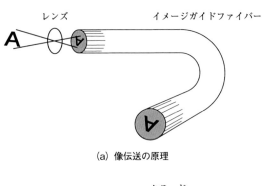

(a) 像伝送の原理

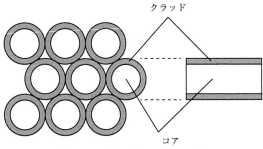

(b) イメージガイドファイバーの構造

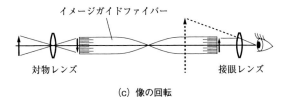

(c) 像の回転

図15-9　ファイバースコープの光学系

μm）を設け，光漏れを防止しています。また，接眼レンズで観察した際に正立像になるようにファイバー束が180度ねじってあります（**図15-9 (c)**）。このファイバー光学系により内視鏡にファインダー機能を持たせることができたわけです。

　イメージガイドファイバーと似た機能を持つものとして，天然のアレキサイト（曹灰硼石）という鉱物があります。構造が霜柱のような

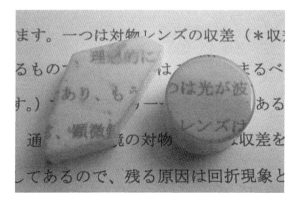

図15-10　テレビ石（左：天然，右：人工）

繊維状になっていて，一般には**テレビ石**とよばれています。**図15-10**は，文字原稿の上にテレビ石を置いたもので，原稿の文字がそのまま石の上に浮かび上がっています。左側が天然のアレキサイト，右側が人工的に造ったものです。

4.4　硬性鏡（リレーレンズ方式）の光学系

硬性鏡は硬く曲がらないため，対物レンズによってできた実像を光学系で何度も再結像させながら，像をリレーしていく方式をとっています（**図15-11**）。この再結像させるためのレンズは**リレーレンズ**とよばれています。リレー回数は通常3〜7回となっています。

リレー光学系の特殊なものとして，レンズを並べて像をリレーする

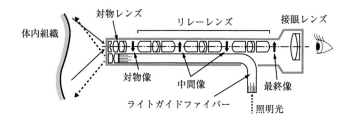

図15-11　硬性鏡の光学系

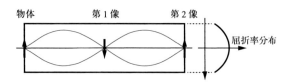

図15-12　GRINレンズによるリレー光学系

のではなく，レンズ内部の屈折率を変化させて像をリレーする光学系もあります。これは，**GRINレンズ（分布屈折率レンズ）**とよばれ，**図15-12**に示すようにレンズの中心から周辺に向けて屈折率を徐々に小さくしておくことで，レンズ内部で光が蛇行し，像をリレーすることができます。GRINレンズを用いた光学系では，レンズの直径を極めて小さくすることが可能で，血管内部を観察するための血管鏡では直径が$\phi 0.25$ mmのものもあります。

4.5　カプセル内視鏡の光学系

電子的に撮像した画像信号を無線で伝送すれば信号線が不要となり，独立したカプセル型での観察が可能となります。**図15-13**に**カプセル内視鏡**の構造を示します。カプセルの中には，撮影レンズ，CCDなどの撮像素子，照明用LED，無線送信装置，バッテリーなどが内

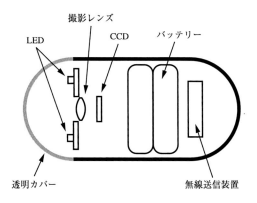

図15-13　カプセル内視鏡の構造

蔵されており，これによって，従来では内視鏡の挿入が困難であった小腸などの観察もできるようになりました。光学系としては，小型の撮影レンズを用いて撮像素子で撮像するというビデオスコープと同じ方式となっています。

（槌田 博文）

やってみよう！実験　15-❶　光ファイバーの実験

OSAキットの光ファイバーを用いて，光がファイバー内を伝わっていく実験をしてみましょう。キットの光ファイバーは，太さが1mmくらいの透明なひも状になっています。この片方の端面に懐中電灯などの光をあて，ファイバー内に光を入射させてみましょう。ファイバー自体は途中でくねくね曲がっているにも関わらず，もう一方の端面から光が出てくるのがわかります。部屋を暗くして行うとよりわかりやすいでしょう。このファイバー1本がイメージガイドファイバーの1つの画素に相当します。また照明に用いるライトガイドファイバーはこのようなファイバーの束からできています。OSAキットの光ファイバーはクラッドがないコアだけの構造をしていますが，光が全反射しながら伝わっていくという原理は同じです。

coffee break 15-❶　災害時に活躍する内視鏡

　工業用内視鏡は，工場等の検査だけでなくさまざまな場面で活躍していますが，最近注目されている役割の一つが災害時の人命救助です。倒壊した家屋やがれきのすき間に内視鏡を差し入れ，生存者を探査することができます。実際に，阪神淡路大震災などで生存者の救出に貢献しました。さらに，映像を得るだけでなく，狭い空間に閉じ込められている被災者に空気を送ったり，音声通信したり，有毒ガスの検査をしたりといった，救助に役立つ機能も搭載されています。**図15-14**は災害救助用スコープシステムで，先端部を7.5 mの長さまで伸ばすことができます。用途によっては，さらに長いタイプもあります。

図15-14　災害救助用の内視鏡
オリンパス㈱提供

第16章

光学機器（6）
光ディスク，レーザープリンター

1 光ディスクシステム

1.1 光ディスクシステムの特徴

レーザーの発明によって，以前は作ることがとても難しかった直径 1 μm 程のきれいなスポットを作れるようになりました。この小さいスポットを使った，可搬形大容量記録装置が**光ディスク**システムです。

光ディスクシステムは，円盤の透明基板の奥に記録された情報に，レーザー光を集光し，その反射光から記録情報を読み出すとともに，フォーカス，トラッキングのための制御信号も得ることを基本構成としています（**図16-1**）。

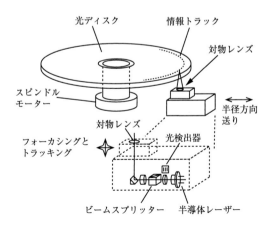

図16-1　光ディスクシステムの基本構成

この構成を採ったことによって，
① ディスクの表面と記録面との間に距離があり表面の傷汚れに強い
② 光学的に読み取る制御信号のおかげで，ディスクと**ピックアップ**（光学読み取り装置）の間が非接触でも安定してデータ読み出しが出来，非接触であることで何回再生してもディスクが摩耗することがなく記録が劣化しない
③ 読み出し専用の複製ディスクを簡単なプロセスで大量生産できるため，価格を安くできる
④ 読み出し専用と一回書き込み（write once）書換え可能（rewritable）のディスクを1つの光学系で対応できる
⑤ 光源の**波長**や**NA**（**開口数**：レンズの明るさを表す数値）を変えることで，同一外形で高記録密度を達成し，ハイビジョン動画を記録できる
⑥ 一台の装置で何種類ものディスクを記録再生できる

という特徴を得ています。

光ディスクシステムには，**回折限界**，**回折格子**，**シリンダーレンズ**，**非球面樹脂レンズ**，**回折レンズ**など多くの光学原理，技術が使われています。

1.2 主な光ディスクシステム

表16-1に主な光ディスクシステムの特徴を示します。光ディスクの歴史は動画再生のLD（**レーザーディスク**）から始まり，デジタル音声記録のCD（**コンパクトディスク**），録音もできるMD（**ミニディスク**），データ記録用MO（**光磁気ディスク**），デジタル記録でCDと同じ大きさで画像を記録したDVD（**デジタルバーサタイルディスク**），ハイビジョン記録のBD（**ブルーレイディスク**）と記録密度を上げながら種々の規格のディスクが発売されています。

上記すべてのシステムで，読み出し専用ディスクは**ピット**と呼ばれる突起部（凸）でデータを記録しています。読み出し専用ディスクの技術については後述します。

第16章 光学機器（6） 光ディスク，レーザープリンター

表16-1 光ディスク一覧

略称	LD	CD	MO	MD	DVD	BD
名称	レーザーディスク	コンパクトディスク	光磁気ディスク	ミニディスク	デジタルバーサタイルディスク	ブルーレイディスク
主な使用目的	動画	音楽，ソフトウエア，データ	データ	音楽	動画，ソフトウエア	ハイビジョン動画
特徴	FM変調した映像信号をアナログ記録 容量を増やすためアクリルの吸湿による反りを回避するために貼り合わせ構造 1時間以上の再生にはディスクを裏返す	音楽用のデジタル記録用に開発されたがデータ用に派生規格も普及 誤り検出，訂正を採用 ポリカーボネート単層ディスク	高信頼性データ記録用 カートリッジ入り 光（熱）磁気記録は相変化ディスクと比べ読み出しによるデータ劣化，経時劣化がほとんど無い 書換可能回数が圧倒的に多い	音楽に特化し，圧縮技術により，小型ディスクでCDと同等の録音時間 カートリッジ入り	CDに対し6倍以上の大容量と映像信号の圧縮技術でCDサイズに動画を記録 二層記録でディスクを裏返さずに長時間再生	DVDに対し5倍以上の大容量とと映像信号の圧縮技術でCDサイズで単層でもハイビジョン動画2時間以上を記録
読み出し専用ディスク	ビット記録	CD CD-ROM	—	—	ビット	BD BD-ROM
一回記録ディスク	—	CD-R	—	—	DVD-R	BD-R 色素
書換可能ディスク	—	CD-RW 相変化記録	光磁気記録 磁界変調方式	光磁気記録 磁界変調方式	DVD-RW DVD-RAM 相変化	BD-RW 相変化
信号	アナログ（FM変調）	デジタル	デジタル	デジタル	デジタル	デジタル
容量	NTSC 2時間の映像 30 cm 両面	音楽80分 640 MB，700 MB 12 cm	128 MB・230 MB 540 MB・640 MB 3.5インチ 1.3 GB・2.3 GB	177 MB	片面一層 8.54 GB 両面二層 9.4 GB（両面二層 17.08 GB） 4.7 GB	25 GB 12 cm 二層 50 GB 三層 100 GB BD-XL 四層 128 GB BD-XL
多層化	両面が基本	—	（両面） 5.25インチ	—	—	—
波長	633 nm, 780 nm	780 nm	780 nm, 680 nm	780 nm	650 nm	405 nm
レンズNA	0.40 (633 nm) 0.53 (780 nm)	0.45	0.55	0.45	0.60	0.85
ディスク直径	30 cm, 20 cm	12 cm, 8 cm	—	6.4 cm	12 cm, 8 cm	12 cm, 8 cm
ディスク厚	2.5 mm, 1.2 mm	1.2 mm	1.2 mm	1.2 mm	1.2 mm	1.2 mm
トラックピッチ	1.67 μm	1.6 μm	1.6 μm	1.6 μm	0.74 μm	0.32 μm
発売開始年	1979年	1982年	1988年	1992年	1996年	2003年

CD，DVD，BDには**一回記録ディスク**があります。金属薄膜に塗布された**有機色素**の膜を強いレーザー光で焼き切って非可逆的な記録を行います。書き込み可能なディスクはピットの代わりにグルーブという連続した凸の構造を用意しトラッキングを可能にしています。

CD，DVD，BDの**書き換え可能ディスク**は，反射強度の異なる結晶質（クリスタル）と非晶質（アモルファス）という2つの状態を持つ**相変化**膜を用いています。レーザーパワーの大小による温度履歴によって書き込み，消去，非破壊での読み出しを行います。

MOは書き換え可能専用のシステムです。MDには音楽配信用にピットによる読み出し専用ディスクがありますが，MO，MDどちらも書き込みは磁界中でレーザーを照射し磁気の反転でデータを記録します。再生は記録に影響を与えない弱いレーザー光を磁性層に当て**磁気光学カー効果**という作用を使い，反射光の**偏光**の強度差で読み出します。MOとMDは書き込み時に光を変調するか，磁界を変調するかが異なっています。

磁性膜は相変化型より信頼性が圧倒的に高い記録を出来ますが，価格,容量,速度でDVD-RWやUSBメモリ(USBフラッシュドライブ)ハードディスクに置き換わられ，現状ではほぼ使われなくなっています。

1.3 光記録の基本

1.3.1 光ディスクの基本構造　CD

CD（読み出し専用）のディスクは**図16-2**，**図16-3**に示す構造をしています。透明樹脂層の奥に反射層があり，反射層の突起部を設けることでデータが記録されています。反射層の平らな部分を「ランド」，突起部分を「ピット」といいます。ピットはレコード盤と同じように螺旋状に並んでいます。データを読み取るときはこの螺旋に沿ってピット幅より太いレーザービームを照射して反射光が返ってくればランド，返ってこなければピットと判定します。

第16章　光学機器（6）　光ディスク，レーザープリンター

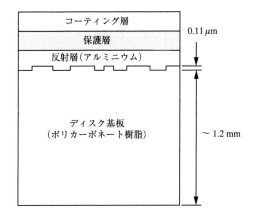

図16-2　CDの断面

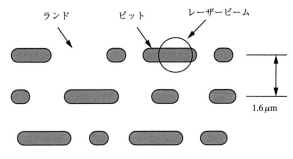

図16-3　CDのピットとランド

1.3.2　光ディスクの再生光学系

　光ディスクから信号を読み出す機構はピックアップと呼ばれています。**図16-4**にCD再生用ピックアップ光学系を示します。光源の半導体レーザー（レーザーダイオード）から発した光は，回折格子で3つの光束に分離，ビームスプリッタ（ハーフミラー）で光路を曲げられ**コリメートレンズ**で平行光化，対物レンズでデータ層に集光，ピットの有無で変調され反射し再び対物レンズ，コリメートレンズを経由し帰路はビームスプリッタ（ハーフミラー）を透過して，シリンダーレンズを経て，センサーに到達します。

光の教科書

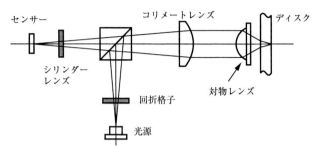

図16-4 ピックアップの構成

1.4 光ピックアップの光学技術

1.4.1 透明基板の厚さ

　光ディスクの表面にある透明基板は表面のゴミ，傷に対する許容を大きくする画期的な発明です。CD普及の前に音楽配布媒体に使われていたレコードは静電気を帯びて埃を吸着しやすく，わずかな埃でもプチッと雑音が入りました。そのためレコード盤の取り扱いは慎重に行わなければなりませんでした。これに対し光ディスクは，厚い透

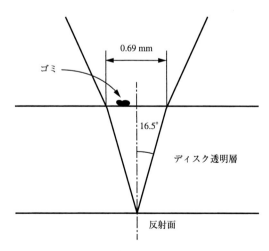

図16-5 ディスク表面の光束幅

明基板の下にデータ層があります。**図16-5**のようにCDではディスクの表面での光束径は0.69 mmと比較的大きいので，ゴミやキズがあっても集光スポットの光量に影響を与えるほど大きいものでなければ，データに影響を与えません。さらに，CD以降のデジタル記録のディスクはデータに冗長性を持たせ誤り符号検出，誤り符号訂正を行っていますので，表面に傷や指紋を付けない程度の注意をして扱っていれば，問題なく再生できます。

1.4.2　回折限界の集光

　光ディスクシステムが記録を安定して再生できるための大切な原理が，光を絞った時の最小の点像の大きさが回折作用によって決まること，です。光を集光するとき，どんなに高性能の優れたレンズを用いても，光をその波長サイズよりも小さく絞りこむことができません。これを回折限界と呼びます。回折限界のスポットの大きさは使用する波長とNA（開口数）の逆数によって決まります。そのため使用する波長とNAを決めればスポットを必要な大きさにすることができます。

1.4.3　半導体レーザー

　半導体レーザーの射出光は波長幅も狭く，コヒーレント光であるため，回折限界の大きさに容易に集光できます。光ディスクの記録密度はスポットの大きさ，すなわち波長と対物レンズのNAの逆数で決まるため，光ディスクの高密度化は半導体レーザーの短波長化（近赤外，赤，青の開発）と歩調を合わせて進んできました。**表16-2**に示すように，スポットを小さくするため，世代を追って波長は短くなり，対

表16-2　波長とNA（開口数）の例

	機器	波長	NA（開口数）
旧	CD	780 nm 近赤外	0.45
↓	DVD	650 nm 赤色	0.60
新	BD	405 nm 青紫	0.85

※NAが大きいほどレンズは明るい

物レンズのNAは大きく（明るく）なっています。

1.4.4 ピットでの反射

　読み出し専用の光ディスクは，データを樹脂面の凹凸で記録できる樹脂成形で大量に作られます。光線入射側から見ると広い面積を持つランド部にピットと呼ばれる凸の構造，飛び出る形でデータが記録されています。ランド，ピットの外側はミラーコートされているのでCD，DVDは銀色に見えます。ピットの高さはレーザーの波長をλとした時に屈折率を考慮して，光学的にほぼ$\lambda/4$の高さ（＝$\lambda/(4\times$屈折率)）になっています。

　対物レンズで絞られた光はピットが無いランド部では鏡面の反射でほぼロス無くレンズに戻ります。**図16-6 (a)** ピットに光が当たると

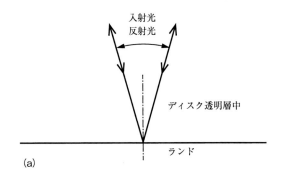

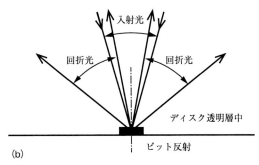

図16-6　ピットの有無と反射光

きは，前述の回折限界により，ピットの幅0.5 μmの2倍以上の幅にしか絞れないので，**図16-3**のようにピットの上とピットの両サイドのランドに同時に当たります。ピットの上で反射した光と奥のランドで反射した光は位相差がちょうどλ/2になるため波が打ち消し合い，対物レンズには戻らず±1次の回折光となってピットの左右方向に分かれます。**図16-6 (b)** ここで，ピットで反射する光とランドで反射する光量がちょうど打ち消し合えばレンズに戻る光の量は最小になり，ピットに当たっていないときの光の量（＝光が全部戻るので最大）との差が大きくなって，データ信号をはっきりと読み取ることができますが，光のバランスがずれると，レンズに戻る光が増えてデータ信号の強弱の差が小さくなってしまい，読み取りにくくなります。このバランスを保つために大切なのが，スポットの大きさを一定に保つことです。

　もし「回折限界」という現象がなければ，スポットの大きさが極限まで小さくなってしまい，ピントがぴったり合ってしまうとランドでもピットでも光量が変わることはなくなり，今の光ディスクシステムは成り立ちません。ランドとピットの光量バランスはピント合わせやトラッキングのズレ，レンズの収差でも起こるので，スポットの品質を守るためいろいろな技術が使われています。

1.4.5　トラッキングコントロール

　トラッキングとは，データを読み込むときに，光などがトラックに沿っていくことです。

　レコードでは針が溝に入り，こすりながらトラッキングをしていました。磁気テープでもテープをガイドに沿わせています。CDでは幅0.5 μmのピットにスポット位置を合わせなければなりません。光ディスクはディスクからの戻り光で巧妙にトラッキングの状態をモニターしフィードバックしています。ここでは3ビーム法を紹介します。

　図16-4のレーザーの直後の回折格子は光をメインビームと2つのサブビームの3つに分離します。3つのビームはコリメートレンズ，対

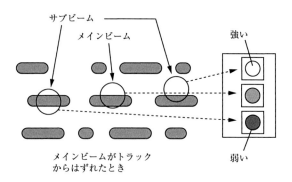

図16-7　ピットとスポットのイメージ図

物レンズを経由して3つのスポットを形成します。回折格子はピット列方向に光を分離しますが，わずかに角度をずらして置くことで，3つのビームは**図16-7**のようにトラックに対して内外の異なる位置にあたります。前述したように，ピットにちょうど乗っているスポットからの反射光強度（信号）は弱く，トラッキングが外れているスポットからの反射光強度は強くなります。この性質を利用して，2つのサブビームからの反射光強度の差が0になるように保つことでメインビームはトラックから外れないようにしています（差があったら，反射光が弱くなっている方へトラッキング位置を移動させます）。

1.4.6　フォーカスコントロール

　読み出しではスポットの位置が重要であることがこれまでの説明でわかったと思いますが，同時にその大きさを一定に保つことが重要です。大きさが変わってしまう要因はいろいろありますが，例えば，ディスクの反りでピントがずれてしまうと，スポットの大きさを維持できません。ここでは，フォーカスコントロールのための非点収差法を示します。**図16-4**のシリンダーレンズは**図16-8**に示すようなかまぼこ形のレンズです。一方向に屈折力を持ち，それと垂直方向には屈折力を持ちません。シリンダーレンズに集光光束を入れると非点収差が発生し，**図16-7**のようにビーム形状が縦長から横長に変化します。

第16章 光学機器（6）光ディスク，レーザープリンター

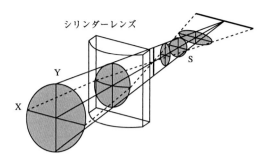

図16-8 シリンダーレンズとその結像

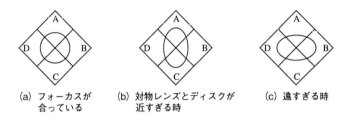

(a) フォーカスが合っている　(b) 対物レンズとディスクが近すぎる時　(c) 遠すぎる時

図16-9 非点収差法 4分割センサー上の光分布

図16-8のSの位置に4分割センサーを入れ（A+C）-（B+D）の信号が0になるようレンズ位置を制御します（**図16-9**）。

1.4.7 非球面樹脂対物レンズ

　レーザーディスクの対物レンズはガラス4枚構成（組レンズ）で作られていたそうですが，現在はほとんどの装置で対物レンズは非球面の単レンズになっています（**図16-10**）。ガラス組レンズはレンズ組み立て時の誤差で収差が発生しやすいため，偏心調整をしながら組み立てるなど量産性が悪く大変高価でしたが，両面非球面樹脂レンズの場合は，金型精度を十分なものとしておけば，性能バラツキの少ない高NAレンズを大量に作ることが出来ます。コンパクトディスクの全世界への普及は非球面樹脂対物レンズの発明のおかげです。

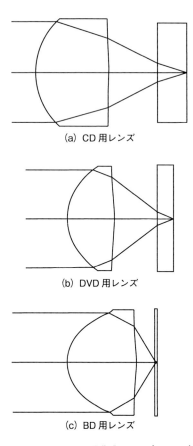

(a) CD用レンズ

(b) DVD用レンズ

(c) BD用レンズ

図16-10　CD，DVD，BD用非球面レンズ　レンズ断面図

1.4.8　多種類ディスク対応　回折互換レンズ

　CD，DVD，BDの外形12 cmのディスクは一つの装置で読むために外径，厚さを統一していますが，ディスクの記録面（読み取り面）までの樹脂の厚さは異なります。読み取り面までの厚さが違う各ディスクに対し，一つのレンズでは，全てのディスクで同時に回折限界の良好な結像を得られるレンズはできませんでした。主な理由はディスクの樹脂層の厚さによって発生する球面収差と，NAの違いです。これらを克服し一つのレンズで二種類あるいは三種のディスクに対応する

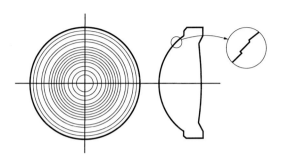

図16-11　回折互換レンズのレンズ断面イメージ図

ため，現在は回折屈折ハイブリッドレンズが使われています。回折格子が波長に比例する回折角度を持つことを利用し，プラスチックレンズの表面に波長オーダーの段差を設けて，再生波長の違いによって，球面収差の補正と，必要なNAより外側の光を拡散させる作用を持たせ，各ディスクに最適なスポットを形成しています（**図16-11**）。

2 レーザープリンター

　レーザープリンターはオフィス，家庭用プリンターとして高精細，静粛性，高速性に優れたプリンターです。

　コンピュータからの印刷データを走査線に対応するデータに展開し，走査線データで変調した半導体レーザー光を，ビームスポットにして，**感光体ドラム**の上に静電潜像を形成します。その潜像に**トナー**を付着し，用紙に転写さらに熱と圧力で用紙上にトナーを定着することで印刷を行っているのです（**潜像**：眼では確認できない又は見えにくい画像のこと）。

　レーザープリンターにも従来の光学機器ではほとんど見ることの無かった，回折限界，**fθレンズ**，**面倒れ補正光学系**などの光学技術が使われています。

2.1 レーザープリンターの光学系

　レーザープリンターの光学系（LSU：レーザースキャニングユニット）の例を紹介します。半導体レーザーから発した発散光はコリメートレンズにより平行光束にされ，シリンダーレンズを通り回転多面鏡の付近に線像(線状の像)を形成します。**回転多面鏡**(ポリゴンミラー)で反射された光は，**走査レンズ**によって感光ドラム上にスポットとして結像されます（**図16-12**）。ポリゴンが回転すると，スポットはドラム上に直線を描きます。この動作を走査（スキャン）といいます。

　走査方向に垂直な方向（副走査方向）の光束は**図16-13**のように集光します。

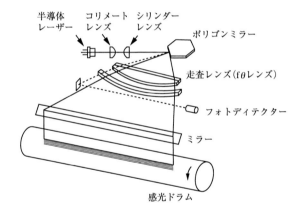

図16-12　レーザースキャニングユニット（LSU）の構成

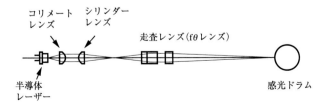

図16-13　副走査方向の結像

ポリゴンミラーは高速で回転（数万回転/分）しており，ミラー1面で1回転毎に1本の走査線を描き，6面鏡ならば1回転で6本，8面鏡ならば8本の走査線を描けます。ポリゴンの面数を増やすとプリント速度を向上できますが，1面あたりの光線ふれ角が少なくなるので，同じ横幅を走査するためには走査レンズの焦点距離を伸ばさざるを得ず，装置が大型化してしまいます。

2.2 レーザープリンターの光学技術

2.2.1 回折限界

LSUでも回折限界が巧みに使われています。走査レンズはFナンバー70程度の細いビームを集光しますが，回折限界のおかげで$\pm \lambda \times (\text{Fナンバー})^2$つまり$\pm 3\,\text{mm}$以上のピントずれ範囲でビームが絞れすぎることなくほぼ同じ大きさになるため，レンズの設計上や使用環境によってスキャン範囲内で少しピント位置がずれたとしても安定したプリント品質が保つことができます。

2.2.2 fθレンズ

走査レンズはその結像特性からfθレンズと呼ばれます。普通の写真レンズは焦点距離がfの場合，入射角度θに対し像高をyとすると$y = f\tan(\theta)$の高さに結像します。ポリゴンは等角速度回転をしていますから$f\tan(\theta)$で結像するレンズを使うと，時間あたりの走査速

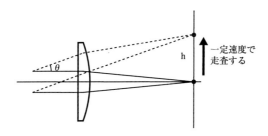

図16-14　fθレンズ図

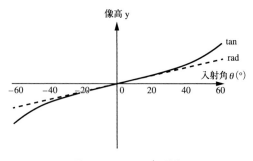

図16-15　fθレンズの特性

度が変わってしまいます。レンズの結像特性を y = fθ とした fθ レンズを用いることで走査線上どこでも同じ早さでスポットが移動するので露光密度が変わらず，変調信号作成も非常に楽になっています（**図16-14，図16-15**）。

2.2.3　面倒れ補正光学系

　ポリゴンミラーの各面は非常に高精度に作られていますが，わずかな角度の誤差（面倒れ）はあります。主走査方向，多角形の角度誤差は走査線の横ずれを招きますが，LSUは**図16-12**のように走査タイミングをモニターするセンサー（フォトディテクタ）を設けて，角度誤差があってもレーザーの変調タイミングで各走査線の開始位置を一致させています。

　一方，副走査方向にはシリンダーレンズを用いた面倒れ補正光学系を採用しています。もし面倒れ補正光学系を使わないと，**図16-16 (a)**のようにミラーの副走査方向の傾きがPとQのように各面ごとに異なっている場合，ドラム上の結像位置は，PとQによる反射角の誤差δに対しfδの走査線のピッチムラになります。これは電気的タイミングでは補正困難です。面倒れ補正光学系とは，**図16-13**に示すように副走査方向のみシリンダーレンズで1度ポリゴンミラーの近くで結像させ，走査レンズに主走査方向より副走査方向の屈折力が強いレンズを配して，走査方向，副走査方向をドラムの上で一点に結像させる光

第16章　光学機器（6）　光ディスク，レーザープリンター

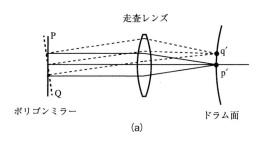

(a)

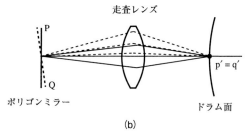

(b)

図16-16　面倒れ補正の原理

学系です。こうすることによって**図16-16 (b)** に示すように，ミラー面とドラム面が結像関係になるのでミラー面PがQに傾いてミラーの傾きで光線が上に振れて光線の角度は変わっても結像点q'はp'の高さは変わりません。

（丸山 晃一）

やってみよう！実験　16-❶　CD，DVD，BDの反射光と回折について

お手元にあるCD，DVD，BDで，回折の違いを見てみましょう。

CD，DVD，BDの記録面を見比べるとCDとDVDはきれいな虹色の回折光が見えます。回折格子の格子方向に垂直な光線が入射した場合の回折光の射出角度は以下の式で計算出来ます。

$$\sin\theta' = \sin\theta + m\lambda/d$$

θはディスクへの入射角度（ディスクに垂直に入射する時を0度ととります），mは回折次数，λは波長，dは格子幅，θ'はディスクからの射出角度です。右辺にλがかかっていることからわかるように，波長の長い光ほど大きく回折するので，回折光は虹色に分光します（波長の長い赤い色の方が，波長の短い紫より大きく回折します）。

これに対しBDではほとんど虹色は見えません。BDのトラックピッチは可視光の波長より狭いため，小さい入射角に対して回折光が出て来ないのです。BDでは上の式はmが0の場合の入射光と反射光の角度が等しい正反射（鏡面反射）では成り立ちますが，mが±1以上のいわゆる回折光は$\sin\theta$が小さいときには右辺が±1の範囲から外れてしまうので式が成り立たない（＝そのような回折光が存在しない）のです。

BDで唯一回折光が出てくるのは大きい入射角度で−1次光が入射側の傾きに出る場合です。明るい光源を背にして入射角度が30度程度

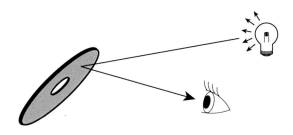

図16-17　BD回折光実験

になるようディスクを傾けると青紫の回折光が見え，入射角度を大きくしていくと青，緑，黄緑，黄，オレンジ，赤と色が変わるのが確認できます。

　同じ実験をDVDで行うと，BDでは−1次回折光だけが見えるのに対し，DVDでは−2次回折光まで見えるので，ディスクを傾けていくに連れ−1次光と−2次光で色の変化が2巡します。CDは複数の回折次数光が同時に見えるのでDVDとはまた違った感じになります。

　また，この実験の光源を白熱灯や蛍光灯，LEDなどいくつか換えてみると光源の分光強度の違い（波長毎の光の強さの違い）を実感できます。

第17章

光源（1） レーザーの原理

1 レーザーとは

　私たちは，太古からずっと太陽の光の中で暮らしてきました。文明の進歩によって，ランプ，ろうそくなどの光を使うようになり，やがてアーク灯，白熱電灯，蛍光灯などが発明されて，照明などにさまざまな光源を利用しています。ところが，1960年に発明された**レーザー**は，これらの光源とは異なる画期的な新しい光源です。まず第一にレーザーはこれまでの光源とはまったく違う原理で光を発生します。第二に，レーザーの発生した光は他の光よりも格段に優れた性質をもっています。そして今では，レーザー通信，CDプレーヤー，レーザープリンター，レーザー加工，レーザー医療など，レーザーの用途はますます広がっています。

　レーザーという言葉は，誘導放出によって光を増幅するという意味の英語，Light Amplification by Stimulated Emission of Radiation の頭文字を集めてつくられた頭文字LASERです。ですからレーザーは，本来は光の増幅器を意味するものですが，普通はレーザー発振器のことをレーザーと呼んでいます。後から述べるように，フィードバック作用を増幅器に加えると発振器になり，実際のレーザーは増幅器より発振器として使われることが多いからです。

　そこでこの章では，誘導放出とレーザー発振の原理，それからレーザー光の特徴について説明しましょう。

2 光の吸収と放出

常温の鉄や炭は光を吸収しますが，温度を上げると赤く光り出します。太陽もろうそくも高温の物質が光を放出しています。物質が光を吸収したり放出したりすることは，ミクロにみると，物質を構成している原子がどのように光を吸収し放出するかによって決まります。

2.1 ボーアの周波数条件

本講座では，量子力学には深入りしないことにしますが，量子物理学によれば，原子は任意のエネルギーをとることはできないで，それぞれ固有のとびとびのエネルギー状態しかありません。いま，固有エネルギー E_1 をもつ原子が光を吸収すると，その原子は高いエネルギー E_2 に移ります[注1]。原子の固有エネルギー状態を重力場の位置エネルギーのように考えて，それぞれのエネルギー状態を**図17-1**のように水平線で表し，これを**エネルギー準位**といいます。

エネルギー準位 E_1 から上の準位 E_2 に遷移するときに吸収する光の角周波数（角振動数）を ω とすると

$$\hbar\omega = E_2 - E_1 \tag{17-1}$$

の関係があります。ここで，$2\pi\hbar=h=6.626\times10^{-34}$ Js はプランク定数であって，光の周波数を ν とすれば，$\hbar\omega = h\nu$ です。式（17-1）の関係をボーアの周波数条件と呼んでいます。1個の原子は，入射光からエネルギー $\hbar\omega$ しか吸収しませんから，入射光が吸収されると，**図17-1**のようにその分だけ弱まった光になります。

原子が初めにエネルギーの高い準位 E_2 にあるときには，原子はより安定なエネルギーの低い準位 E_1 に遷移して，式（17-1）で与えられる周波数の光を放出します。これを**図17-2 (a)** に示します。光の

[注1] 各原子は，E_1, E_2 の他に多数のエネルギー準位がありますが，**図17-1**などのエネルギー準位図では，遷移に関係するエネルギー準位だけを描いています。

放出には，この他に**図17-1**の吸収の逆過程，すなわち角周波数ωの光が入射したとき，その周波数の光を放出する**図17-2 (b)** に示す過程があります。これを**誘導放出**といい，はじめに光がないときの光の放出**図17-2 (a)** を**自然放出**といいます。

一つの原子から放出される光のエネルギーも，一つの原子が吸収するエネルギーも$\hbar\omega$に決まっていて，それより大きいことも小さいこともありません。そこでエネルギーの塊り$\hbar\omega$を**光量子**または**光子**といいます。**図17-1**では，n個の光子が1個の原子に入射して吸収されると$n-1$個になり，**図17-2 (b)** では，n個の光子が入射したとき$n+1$

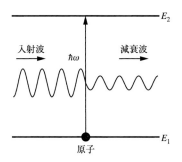

図17-1　光吸収の過程
入射光はエネルギー$\hbar\omega$だけ吸収されて弱められるけれども，光波は一続きの波で振幅が小さくなっています。

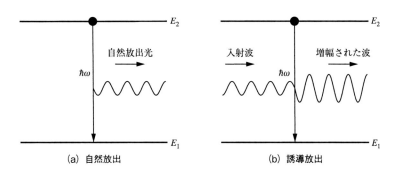

図17-2　光放出の過程

個の光子になることを意味しています。

2.2 アインシュタインのA係数とB係数

アインシュタインによれば，上の準位E_2にある原子が単位時間に光子を放出する確率は

$$p_{\text{emi}} = A + B\rho_\omega \tag{17-2}$$

と表されます。ここで，ρ_ωは角周波数ωの光のエネルギー密度を表し，Aを**自然放出係数**，Bを**誘導放出係数**と呼びます（**もっと知りたい！17-❶**）。そして，下の準位E_1にある原子が角周波数ωの光子を吸収する確率は

$$p_{\text{abs}} = B\rho_\omega \tag{17-3}$$

となります。

そこで，下の準位にN_1個の原子があり，上の準位にN_2個の原子があるとき，これらの原子から単位時間に放出される光のエネルギー（放出光パワー）は

$$P_{\text{emi}} = p_{\text{emi}}N_2 = (A + B\rho_\omega)N_2 \tag{17-4}$$

となり、吸収される光のエネルギー（吸収光パワー）は

$$P_{\text{abs}} = p_{\text{abs}}N_1 = B\rho_\omega N_1 \tag{17-5}$$

になります。

もっと知りたい！ 17-❶　自然放出係数と誘導放出係数

自然放出係数Aは原子のエネルギー準位によって決まり，準位E_1とE_2との間の遷移双極子モーメントの大きさをμとすれば，

$$A = \frac{\omega^3 \mu^2}{3\pi\varepsilon_0 \hbar c^3}$$

と表されます。そして，自然放出係数Aと誘導放出係数Bとの比は光モード密度で決まり，自由空間では，

$$\frac{A}{B} = \frac{\hbar\omega^3}{\pi^2 c^3}$$

となります。

3　熱放射

　白熱電灯のような高温の物体の光は，広い連続スペクトルをもつ熱放射です。電灯のフィラメントのような固体では原子が高密度に存在するので，その多数のエネルギー準位は連続的に分布し，普通の固体では発光スペクトルも吸収スペクトルも広い波長分布をもった連続スペクトルになっています。連続的に分布するエネルギー準位の中で，エネルギーが$\hbar\omega$だけ離れた準位E_1とE_2を考えると，これらの準位にある原子と光とが熱平衡状態にあるときの光が**熱放射**です。連続的に分布するエネルギー準位をもつ物体は，低温度のときすべての波長の光を吸収するので黒体と呼び，高温度のときの発光を**黒体放射**といいます。

　黒体の絶対温度をTとすれば，任意のエネルギー$\hbar\omega$だけ離れた2準位の下の準位の原子数をN_1，上の準位の原子数をN_2とすると，熱力学的平衡状態ではボルツマン定数kを使って

$$N_2 = N_1 e^{-\hbar\omega/kT} \tag{17-6}$$

と表されます。温度 T の物体と平衡状態になっているときの光のエネルギー密度を ρ_{th} とすると，このとき光放出パワーと光吸収パワーは等しいので，式（17-4）と（17-5）から $(A+B\rho_{th})N_2 = B\rho_{th}N_1$ となるので

$$\rho_{th} = \frac{A}{B} \cdot \frac{N_2}{N_1 - N_2} \tag{17-7}$$

となります。これに式（17-6）と**もっと知りたい！ 17-❶**の関係を入れると，黒体の熱放射スペクトルは

$$\rho_{th} = \frac{\hbar\omega^3}{\pi^2 c^3} \cdot \frac{1}{e^{\hbar\omega/kT} - 1} \tag{17-8}$$

と表されます。

　これはプランクの熱放射式として知られている関係で，温度によって熱放射の周波数分布は**図17-3**のようになります。この図をみると，温度が高いほど熱放射は強くなり，スペクトル分布はより高周波，すなわち，より短波長に移ることが分かります。太陽や白熱電灯の光は

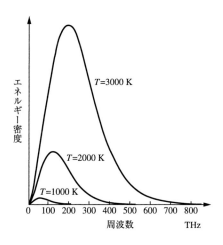

図17-3　黒体放射のスペクトル分布

このような連続スペクトルです[注2]。また，ろうそくやランプでは炎の中で高温度の煤が光っているので，やはり黒体放射の連続スペクトルになっています。

もっと知りたい！　17-❷　放電管の線スペクトル

　ネオンランプやナトリウムランプの光は連続スペクトルではなくて，とびとびの線スペクトルです。これらの放電管では，原子が高速度の電子との衝突で実効的に高温度になって熱放射を出しています。しかし，低圧気体の原子にはとびとびのエネルギー準位しかないので，とびとびの固有周波数でだけしか，光を放出・吸収しません。そこで，その固有周波数でだけ原子の実効的温度の熱放射が観察されるので，発光スペクトルも吸収スペクトルも線スペクトルになるのです。したがって線スペクトルが単色光だといっても，レーザー光とは本質的には異なるのです。

4　光の増幅

　ある温度の物体に，その温度の熱放射より強い光を入射すると，その光は吸収されるでしょう。角周波数ωの入射光のエネルギー密度をρ_ωとすると，式（17-4），（17-5），（17-7）から分るように正味吸収される光パワーΔPは

$$\Delta P = B(\rho_\omega - \rho_{\rm th})(N_1 - N_2) \tag{17-9}$$

と表されます。熱平衡状態では**図17-4 (a)** に示すように，下の準位

(注2) 太陽や白熱電灯のスペクトルは，ほぼ黒体放射のスペクトルと同じですが，実際に観測されるスペクトルは，光源と観測者との間にある空気やガラスなどの吸収によって多少変わっています。

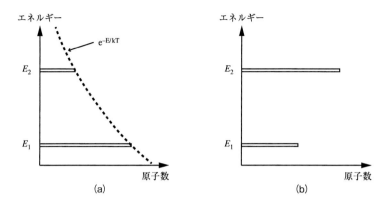

図17-4　熱平衡状態の原子数分布（a）と反転分布（b）
(a) は温度 T が正，(b) は T が負の温度に相当する原子数分布です。

の原子数 N_1 が上の準位の原子数 N_2 より必ず大きいので，$\Delta P > 0$ で，光は必ず吸収されます。

しかし，もし何らかの方法で**図17-4 (b)** に示すように，上の準位の原子数 N_2 を下の準位の原子数 N_1 より大きくすると，$\Delta P < 0$ になるので負の吸収，すなわち光の増幅ができるでしょう。N_2 を N_1 より大きくすることは熱力学の式（17-6）に反するので**反転分布**と呼ばれています。反転分布媒質に弱い光が入射すると，その光は媒質の中を進むにつれて次第に強くなるでしょう。これは，普通の媒質の中を進む光が吸収されて次第に減衰するのとちょうど反対の過程です。以前は反転分布をつくることは原理的に不可能と考えられていましたが，これから述べるように，いろいろな方法で反転分布が実現され，それによって光の増幅が可能になりました。それがレーザーです。

反転分布では

$$\Delta N = N_2 - N_1$$

とおけば，**利得定数**，すなわち，単位長さあたりのエネルギー増加率 g は ΔN に比例し，

$$g = \sigma \Delta N \tag{17-10}$$

と表されます。ここで，比例係数σは**誘導放出断面積**（もっと知りたい！ 17-❸）です。

もっと知りたい！ 17-❸ 誘導放出断面積

物質による光の吸収をミクロなモデルで考え，**図17-5**のように，ある断面図σをもつ原子に入射した光は完全に吸収され，その断面積を通らない光は完全に透過するとします。この断面積を**吸収断面積**といい，下の準位にN_1個の原子があれば，$N_1\sigma$の面積に入射した光が吸収されます。しかし同時に，上の準位にある原子はその誘導放出断面積に入射した光を誘導放出で増幅します。原子の誘導放出係数と誘導吸収係数とは等しくBなので，誘導放出断面積と吸収断面積は同じσで表されます。

単位体積中に，下の準位に原子がN_1個，上の準位に原子がN_2個あるとき，この媒質の吸収定数は，

$$\alpha = \sigma\,(N_1 - N_2)$$

となります。反転分布媒質では，N_1がN_2より小さいので吸収定数αは負で，負の吸収すなわち増幅が起こり，利得定数は$g = \sigma \Delta N$となります。

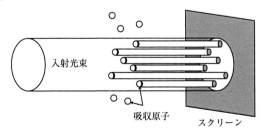

図17-5 吸収断面積σの原子による光吸収

5 レーザーの発振条件

　反転分布をつくる方法は後回しにして，先にレーザーが発振するための条件を考えてみましょう。レーザーにはさまざまな種類がありますが，いずれも原理的には**図17-6**のように，レーザー光を増幅する反転分布媒質と，増幅された光を反射してフィードバックする2枚のミラー（反射鏡）から成り立っています。

　ここで反転分布媒質の利得定数をgとすれば，長さlを通過する光はe^{gl}倍に増幅されます。ミラーの反射率をRとすると，増幅され反射された光の強さは初めのRe^{gl}倍になるので，$R<1$でも

$$Re^{gl} > 1 \qquad (17\text{-}11)$$

ならば，光は2枚のミラーの間を往復するたびに強くなってゆきます。これがレーザーの発振です。しかし発振したレーザー光が十分に強くなると，その誘導放出によって上準位の原子が減少してしまうので，利得が小さくなって，レーザー光はそれ以上には強くならないでしょう。

　これまでは簡単のために，光の強さの変化だけを考えましたが，2枚のミラーの間を往復するレーザー光は互いに干渉します。2枚のミラー間隔Lを光が往復するたびに，Lが半波長の整数倍になる光だけが**共振**して強められます。そこで，この**共振角周波数**をω_n，波長を

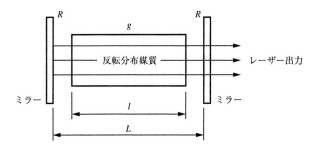

図17-6　レーザーの原理図

λ_n とすれば,$L = n\lambda_n/2$ の条件から

$$\omega_n = \frac{2\pi c}{\lambda_n} = n\frac{\pi c}{L} \qquad (17\text{-}12)$$

と表されます。c は光速度,n は大きな整数で,2枚のミラーの間にできる定常波の節または腹の数,すなわち縦モードの次数を表します(注3)。

大抵のレーザーでは,**図17-7**に示すように,反転分布媒質の利得帯域幅の中に,次数 n の異なるいくつかの**モード**があり,その中で最も利得の高い周波数のモードがまず発振します。利得が十分高ければ,周波数のすこしずつ異なる複数のモードで発振し,これを**多モード発振**といいます。

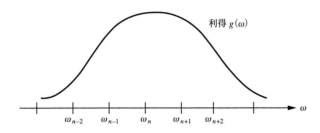

図17-7　利得の周波数分布と縦モード

6　反転分布をつくる方法

強い光で原子を励起しても,**図17-1**のような2準位の系では,反転分布はできません。なぜなら,励起された原子は強い光ですぐに**図17-2 (b)**のように誘導放出して下の準位に戻るからです。したがって,反転分布をつくるには,3準位または4準位以上を利用します。

世界で最初に1960年に発振したレーザーは,**ルビーレーザー**でした。ルビーは緑または青い光を吸収して赤い蛍光を出しますが,吸収

(注3) 真空中でないときには,c の代わりに媒質中の光の位相速度を使って表さなければなりません。

スペクトルは幅が広いのに蛍光スペクトルは幅が狭く，蛍光準位の寿命が長い（およそ3 ms）のです。**図17-8**はこのような**3準位レーザー**の準位図です。短波長の光を吸収して基底準位1から準位3に励起された原子の一部は基底準位に戻っても，大部分は準位2に緩和遷移します。準位2の寿命は長いので，原子はこの準位に貯まり，基底準位の原子は少なくなります。こうして，準位1と2との間に反転分布ができ，ルビーでは波長694 mmの赤いレーザー光を増幅し，発振します。

　3準位レーザーでは，初めに原子は殆ど全部基底準位にあるので，これを上の準位に半分以上励起しないと反転分布ができません。**図17-9**のように4準位を使って準位1から準位4に光励起し，準位3に緩和した原子を貯めれば，準位3から準位2への遷移でレーザー増幅することができます。この方法では，準位2の原子数が準位1の原子数より少ないので，比較的容易に反転分布ができます。これが**4準位レーザー**です。

　反転分布をつくるには，光以外のエネルギーを利用することもできます。1960年の暮れに初めて発振した気体レーザーは，ヘリウムとネオンの混合気体中の放電励起で反転分布をつくっています。これはヘリウムの準位は別にして，実質

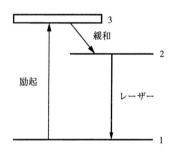

図17-8　3準位レーザーのエネルギー準位と遷移

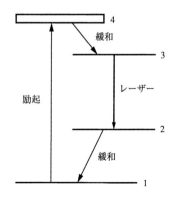

図17-9　4準位レーザーのエネルギー準位と遷移

的にはネオンの4準位レーザーです。

　化学エネルギーや放射線のエネルギーを使って反転分布をつくるレーザーもありますが，実用的なレーザーは電気エネルギーを光のエネルギーまたは電子のエネルギーに変えて，それによって原子を励起しています。なお，これまでは原子の誘導放出によるレーザー作用を説明してきましたが，原子のほか，分子，電子，イオンなどが主役を演じるレーザーもあります。

7 レーザー光の特徴

7.1 指向性

　可視光を発振するレーザーの出力光をみて，誰でもすぐ分かることは，レーザー光の**指向性**が非常によいことでしょう。普通の光源から自然放出によって出る光は四方八方に進んでいきますが，レーザーで

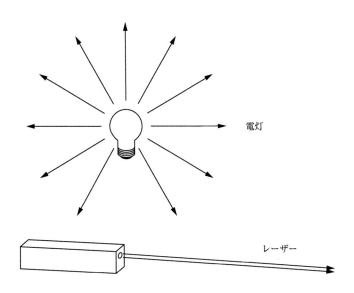

図17-10　電灯の光とレーザー光の違い

は2枚のミラーに垂直に進む光だけが誘導放出によって強められて，**図17-10**のように一方向だけの鋭い**光のビーム**になっています。これは，レーザーから出てくる光はミラーの全面で位相が揃っているからです。

しかし，**レーザー光**のビームも遠方に進むにつれて，第6章『波としての光（3）　回折』で学んだように，回折現象によって少しずつ広がって行きます。たとえば，波長600 nmのレーザーのビーム直径が2 mmのとき，このレーザー光は10 m先では僅か3 mmの広がりですが，100 m先では3 cmに広がります。

7.2　単色性

レーザーの発振周波数はレーザー媒質のエネルギー準位で決まっているので，それぞれのレーザー光の波長は一定です[注4]。普通の単色スペクトル光源も一定の波長の光を発生しますが，分光計で調べると，そのスペクトル線にはいくらかの幅があります。それに比べるとレーザー光のスペクトル線の幅は，普通の分光器では検出できないほど狭いのです。

普通の単色光源では，各原子がそれぞれ独立に自然放出によって光を出しています。自然放出では10^{-10}秒か10^{-9}秒の間に光が出るので，数mmか数cmの長さの切れ切れの光波が不規則に集まっています。そして，それぞれの原子は違う速度で運動していたり，周囲の他の原子によって多少の影響を受けていたりするので，普通の光源の光は，それぞれの波長の僅かながら違う切れ切れの光波の集まりです。それに対してレーザーの光は，いつまでも続く一続きの正弦波になっています。

したがって，レーザー光を2つの光路に分けて再び重ね合わせたとき，光路差がいくら長くても完全に干渉します。すなわちレーザー光

[注4]　発振波長の変えられるレーザーもありますが，そのような波長可変レーザーでも通常の発振では一つの波長の光が発生されます。

は干渉性の極端によい光で，完全にコヒーレントな光ということができます。しかしレーザー光にも，実際にはいくらかの自然放出光が含まれています。自然放出光の位相と振幅は不確定なので，レーザー光にも僅かながらスペクトル線幅があります。それでも，周波数安定化レーザーでは1ヘルツ以下，すなわち光の周波数の千兆分の1以下というごく僅かの幅しかありません。

7.3 エネルギー密度

レーザー光は上述のように，殆ど理想的な平行光線なので，**図17-11**のように凸レンズまたは凹面鏡で集光すると，1波長程度の小さな焦点に全出力を集中することができます。したがって，たとえば僅か1Wのレーザー光でも直径1 μmに集光すれば，焦点における**パワー密度**は1 TW/m^2（10^{12}ワット/m^2）以上になり，これは太陽表面の光のパワー密度の1万倍以上の強さです。

さらにレーザーを**パルス発振**させると，連続発振させたときと同程度のエネルギーを超短時間に集中することができます。

レーザーの種類や動作方法で違いますが，10^{-9}秒，10^{-11}秒，あるいは10^{-13}秒（1 ns, 10 ps, あるいは100 fs）以下のパルス幅が得られます。そこで，たとえば出力が1ジュールでパルス幅が1 psとすると，

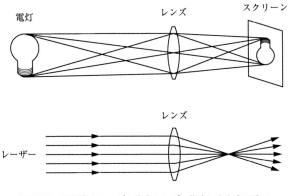

図17-11 電灯光とレーザー光をレンズで集光したときの違い

このレーザーパルスの**尖頭出力**は1 TWという超高強度になります。

　このようにレーザー光は空間的にも，時間的にも集中できるのです。また前述のようにレーザー光はスペクトル分布が集中されているので，その波長で比べると太陽の百万倍をはるかに超える超高輝度です。レーザー光はそのエネルギーの絶対値は大きくなくても，微小面積に，超短時間に，また，超狭周波数帯域に集中されるという特徴をもっています。

（霜田 光一）

第18章

光源（2） 半導体レーザーとLED

1 はじめに

　レーザーの出現で光学の分野は大きく進展しました。光エレクトロニクスあるいはフォトニクスという言葉が使われるようになり，そこでは**半導体レーザー**や**発光ダイオード（LED）**はなくてはならないデバイスとなっています。1960年のメイマンによるルビーレーザー発振の2年後，半導体レーザーの発振が報告されました。ホログラフィーや光メモリーにはレーザーが使われますが，実はホログラフィーの発明（D. Gabor, 1947）や光ディスクの着想（D. P. Gregg, 1958）がレーザーの出現以前であったことは興味深いことです。いずれにしてもレーザー，特に半導体レーザーは光メモリーや光通信における重要な光デバイスとして位置付けられています。またディスプレイ，照明分野ではLEDが活躍しています。この半導体レーザーとLEDは，材料や基本構造がかなり似ています。しかし出射光は，前者はコヒーレント光，後者はインコヒーレント光なので，特性は大きく異なります。ここでは半導体レーザーとLEDについて，その光学特性を中心に基礎を解説します。

2 半導体の発光の仕組み

2.1 電子のエネルギーと光のエネルギー

　半導体レーザーやLEDは，**電子**のエネルギーを光のエネルギーに

変換するデバイスと考えることができます。その逆が受光素子です。

　光のエネルギーは光子1つの持つエネルギーE_pで表します。E_pは周波数νに比例し，その比例係数がプランク定数hです。プランク定数は$h = 6.626070040 \times 10^{-34}$[Js]という非常に小さい値ですから，エネルギーを電子ボルトの単位で表したV_p[eV]を用いた方が便利です。式で表すと，

$$E_p = eV_p = h\nu = h\frac{c}{\lambda} \tag{18-1}$$

ここでeは電子の電荷，cは光速度，λは光の波長です。式(18-1)から以下の関係が得られます。

$$V_p[\text{eV}] = \frac{hc/e}{\lambda} \approx \frac{1.24}{\lambda[\mu m]} \tag{18-2}$$

したがって波長λがわかれば$1.24/\lambda$で**光子エネルギー**V_pが求められます。例えば$\lambda = 1\ \mu m$とすると$V_p = 1.24$ eVとなります。式(18-2)は波長と光子エネルギーの関係を簡単に表した式なので覚えておくと便利です。

　さて，半導体レーザーやLEDは半導体の発光を利用している訳ですが，半導体はなぜ発光するのでしょうか。半導体中の電子のエネルギーは，その半導体結晶の構造で決まるいろいろな値をとります。このエネルギーの値をエネルギー準位と呼びます。エネルギー準位はほぼ連続的な値をとると考えてよいのですが，結晶の周期性により，ある範囲のエネルギー値をとることができません。この禁止されたエネルギー帯を**バンドギャップ**と言い，そのエネルギー幅E_gを**バンドギャップエネルギー**と呼びます。

　エネルギーの低い方が安定なので，通常電子はバンドギャップの下のエネルギー帯にいます。このエネルギー帯は電子がたくさん詰まっているので**価電子帯**と呼びます。一方バンドギャップの上のエネルギー帯には電子が存在する確率は小さいのですが，光励起や電流注入でそのエネルギー準位に電子を励起すると，その電子は比較的自由に動くことができ，電気伝導に寄与します。この上のエネルギー帯を**伝**

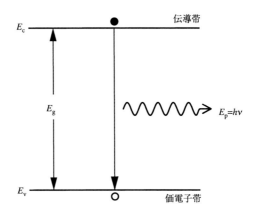

図18-1 バンド間遷移による光放射

導帯と呼びます。ここで励起という言葉を使いましたが，英語ではポンピング（pumping）ともいいます。ポンプで水を汲み上げてエネルギーの高い状態にすることに由来しています。

伝導帯に励起された電子は，元のより安定な価電子帯へ移る（＝**遷移**といいます）ときに，バンドギャップに相当するエネルギーを光として放出します。この光を取り出すのが半導体レーザーやLEDです。

図18-1に示すように，伝導帯の電子が価電子帯に遷移する際に光として放出されるエネルギーE_pはバンドギャップエネルギーE_gにほぼ等しくなります。ここで"ほぼ"と説明したのは，実際にはE_pはE_gより大きいことも小さいこともあり，また半導体レーザーとLEDとで異なります。

2.2 pn接合

さて，上でも述べたように，伝導帯から価電子帯への電子の遷移を起こすためには，何らかの方法で伝導帯に電子がたくさん存在し，遷移する先の価電子帯に電子の"空席"が存在する状態を作ってやらなくてはなりません。この電子の空席を**ホール**（**正孔**）と呼びます。電子の電荷は負なので，電子の空席を正の電荷を持ったホールとして扱

います。

　半導体に不純物元素を添加することにより，伝導帯に電子がたくさん存在するn型半導体，および価電子帯にホールがたくさん存在するp型半導体を作ることができます。この様子を**図18-2 (a)，(b)**に示します。例えばGaAsにSiを添加するとn型半導体に，Znを添加するとp型半導体になります。n型半導体中の電子やp型半導体中のホールは電気伝導に寄与しますから，どちらも電気伝導率が高くなります。しかし，片方だけでは伝導帯から価電子帯への電子の遷移は実現しません。なぜならn型半導体では伝導帯に電子がたくさんいても，価電子帯に電子の空席であるホールがないので移る先がないからです。p型半導体ではその逆で価電子帯にはホールがたくさんありますが，伝

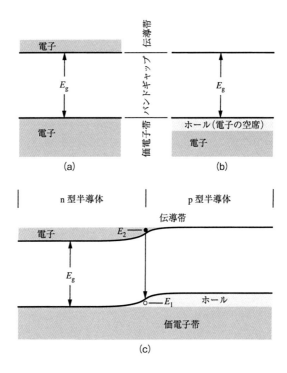

図18-2　(a) n型半導体，(b) p型半導体，(c) pn接合に電圧を印加した状態

導帯に電子がいません。

そこでp型半導体とn型半導体とを接合したpn接合構造を作ります。このpn接合のp側に+の電圧を印加すると，pn接合界面近傍では，伝導帯に電子がたくさん存在し，価電子にはホールがたくさん存在するという状態を作り出すことができます（**図18-2 (c)**）。これを用いるのが半導体レーザーやLEDです。pn接合構造のデバイスをダイオードといいます。LEDは発光するダイオードすなわち"light emitting diode"です。半導体レーザーもダイオードなので，**レーザーダイオード**（**LD**：laser diode）とも呼びます。

さて，伝導帯に電子が存在し，価電子にホールが存在すると，発光遷移が起こりLEDが実現されますが，実はレーザー発振を起こすためにはもう一つ条件が必要です。それは，遷移が起こる上の準位（**図18-2 (c)** の E_2）に電子のいる確率が下の準位（**図18-2 (c)** の E_1）にいる確率より大きくならなければならないという条件です。これを**反転分布**といいます。

1962年，世界最初の半導体レーザーの発振はGaAsのpn接合構造を用いて達成されました。しかし，この構造では数百kA/cm^{2}という大きい電流を流さないと発振に必要な反転分布が形成されません。そのため，低温（77 K）でパルス駆動でしか発振は起こりませんでした。

2.3　2重ヘテロ構造

より効率の高い発振を実現するため2重ヘテロ構造と呼ばれるレーザー構造が発明されました。**図18-3**に示したように，2重ヘテロ構造はp型半導体とn型半導体の間に，それよりバンドギャップエネルギーの小さい**"活性層"**を設けた構造です。この構造ではn型**クラッド層**側から注入された電子とp型クラッド層側から注入されたホールとが効率よく活性層に閉じ込められ，そこで遷移が起こります。既に説明したように，遷移というのは電子が高いエネルギー状態から低いエネルギー状態に移ることですが，伝導帯の電子と価電子帯のホールの電子－ホール対が消滅して光エネルギーまたは熱エネルギーに変換され

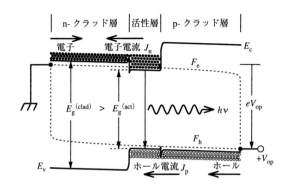

図18-3　2重ヘテロ構造

ることから，電子とホールの"再結合"という言葉で表します。これにより光が放射される場合は発光再結合と呼び，熱となって失われる場合は非発光再結合と呼びます。

　半導体における電子やホールの流れは**"擬フェルミ準位"**と呼ばれるポテンシャルの勾配で決まります。熱の流れが温度の勾配で決まるのと同じように，擬フェルミ準位の勾配があると電子またはホールが流れます。**図18-3**において，p型半導体の右端に印加される電圧を$+V_{op}$とすると，V_{op}は電子の擬フェルミ準位F_eの左端の値とホールの擬フェルミ準位F_hの右端の値の差に等しくなります。電子の電荷が負なので，**図18-3**のような半導体のバンド構造図は負のエネルギーを上向きにとります。$V_{op}=0$のときは全領域で$F_e=F_h=0$となり，擬フェルミ準位（図の破線）の勾配は全領域で0なので電流は流れません。$V_{op}>0$のときは**図18-3**に示したようにp側の擬フェルミ準位が下がり，電流が流れます。**図18-3**ではV_{op}の値は活性層のバンドギャップエネルギー$E_g^{(act)}$を電子ボルトで表した値とほぼ等しい状態，すなわち$E_g^{(act)} \approx eV_{op}$の状態を示しています。

　電子とホールの流れ，および電子電流とホール電流の流れを図に示しました。電子の電荷は負なので，電子電流は電子の流れとは逆向きになります。結局デバイス全体では電子電流もホール電流も図の右か

ら左へ流れていることになります。

図18-3に示した2重ヘテロ構造は半導体レーザーでもLEDでも用いられます。半導体レーザーでは，もう一つ重要なこととして，この2重ヘテロ構造が光を閉じ込める構造となっていることです。一般に材料のバンドギャップエネルギーと**屈折率**の大小関係は逆になります。すなわちバンドギャップエネルギーの低い活性層はクラッド層に比べて屈折率が高くなります。したがって屈折率の高い活性層が屈折率の低いクラッド層に挟まれた構造となっており，界面での全反射条件から光が活性層の中に閉じ込められて伝搬します。このような光の閉じ込め構造を**光導波路**といいます。半導体レーザーでは，この光導波路構造により導波モードが形成され，出射光の光学特性が決定されます。

2.4　自然放出と誘導放出

　　LDとLEDとの違いは，LDの出射光が位相の揃ったコヒーレント光であるのに対し，LEDでは位相が時間的にも空間的にもランダムなインコヒーレント光です。それぞれの光の発生メカニズムは**誘導放出**および**自然放出**です。どちらも伝導帯から価電子帯への電子の遷移の際に放射される光です。**図18-4 (a)** に示したように，自然放出はいろいろな方向に放射され，その位相もランダムです。この自然放出確率は伝導帯の電子密度nおよび価電子帯のホール密度pに比例しており，式ではBnpという形で表されます。一方，誘導放出は入射する光によって"誘導"される光の放出で，入射光の光子密度sに比例して起こります。**図18-4 (b)** に示したように，誘導放出もいろいろな方向に起こりますが，レーザーの共振器で決まる光の進行方向以外の誘導放出はその方向により位相が少しずつ異なるので，打ち消されて進行方向の誘導放出だけが残ります。進行方向と逆方向にも誘導放出は起こりますが，こちらは入射した光の一部と打ち消しあいます。結局入射光の光子密度に比例して進行方向の光だけが増幅されるので，光強度は半導体中を伝搬することにより指数関数的に増大します。

第18章 光源（2） 半導体レーザーとLED

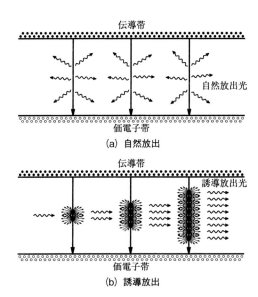

図18-4 自然放出と誘導放出

2.5 共振器

レーザーという言葉はlight amplification by stimulated emission of radiation（放射の誘導放出による光増幅）の頭文字をとったものです。実はこの言葉自体で表されるのは光の増幅であって，レーザーにはもう一つ重要な要素である**"共振器"**（**光共振器**）が必要です。共振器というのは，例えば2枚の鏡を平行に向かい合わせた構造で，この鏡の間を光が何回も往復することで光増幅が繰り返され，指向性のあるレーザー光が生成されます。半導体レーザーの場合には，へき開した結晶の端面が鏡の役割を果たし，平行な2つの端面がレーザー共振器を構成します。このような平行な2枚の鏡で構成される共振器を**ファブリ－ペロー共振器**と呼び，この構造を用いる半導体レーザーをファブリ－ペロー型半導体レーザーと言います。この他に回折格子を共振器として利用した**分布帰還**（**DFB**：distributed feedback）**レーザー**や**分布ブラッグ反射型**（**DBR**：distributed Bragg reflector）**レーザー**があります。

3 LEDの構造と特性

3.1 LEDの構造と材料

　LEDの基本層構造には，pn**ホモ接合**構造，単一ヘテロ（SH）構造，2重ヘテロ（DH）構造があります。p型GaAsとn型GaAsのように同種の材料(バンドギャップの同じ材料)を用いるホモ接合に対して，(組成の) 異なる材料（すなわちバンドギャップの異なる材料）を積層した層構造を**ヘテロ接合**と呼びます。例えばp-GaAsとn-GaAlAsを接合した構造は単一ヘテロ（SH）構造です。前述の**図18-3**に示した構造は，ヘテロ接合界面が2か所にあるので2重ヘテロ（DH）構造となる訳です。最近の市販のLEDは殆どが活性層に**多重量子井戸（MQW）**構造を採用しています。MQW活性層を一つの領域と見做せば，広義のDH構造で，発光の原理は**図18-3**に示したDH構造の場合とほぼ同じです。

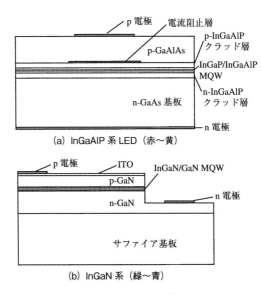

(a) InGaAlP系LED（赤～黄）

(b) InGaN系（緑～青）

図18-5　可視LEDの構造例

第18章 光源（2） 半導体レーザーとLED

表18-1 LED材料と特性例

波長帯	材料	ピーク波長 (nm)	主波長 (nm)	スペクトル 半値幅(nm)	動作電圧 (V)
深紫外〜中紫外	GaAlN	250 〜 300		10 〜 20	4.5 〜 3.6
近紫外	InGaN	360 〜 390		10 〜 15	3.5 〜 3.6
青〜緑	InGaN	420 〜 525	460 〜 535	20 〜 35	2.9 〜 3.5
青	SiC	〜 470	〜 480	〜 70	〜 3
緑	GaP	555 〜 570	558 〜 572	30 〜 40	1.9 〜 2.2
黄〜赤	GaAsP	580 〜 660	590 〜 640	30 〜 40	1.7 〜 2.2
赤	GaP	695 〜 700	〜 650	30 〜 40	1.9 〜 2.1
緑〜赤	InGaAlP	562 〜 650	558 〜 635	10 〜 18	1.8 〜 2.2
赤	GaAlAs	650 〜 660	640 〜 650	15 〜 30	1.7 〜 1.9
近赤外	GaAlAs	760 〜 950		20 〜 50	1.3 〜 1.8
近赤外	InGaAsP	1050 〜 1550		100 〜 150	0.8 〜 1.5
中赤外	InGaSbAs	1600 〜 2400		100 〜 250	0.5 〜 1.5
中赤外	InSbAsP	2800 〜 4600		300 〜 1000	0.2 〜 0.8

図18-5にLEDの構造例を示します。**図18-5 (b)**では基板に用いているサファイアが半導体ではなく絶縁基板であるため，n電極の取り方が**図18-5 (a)**とは異なっています。この図に示したように，可視LEDでは赤色〜黄色LEDの材料はInGaAlP系，緑色〜青色LEDの材料はInGaN系が現在では主流となっています。紫外領域，赤外領域を含めると，**表18-1**に示したような材料によるLEDがこれまでに開発されています。

3.2 LEDの特性例

表18-1にはそれぞれの波長域におけるLEDの特性例も示してあります。**主波長**というのは，"特定の無彩色刺激と適当な比率で加法混色することによって試料色刺激に等色するような単色光刺激の波長"と定義されています。これを読んだだけでは何のことかわからないと思いますが，**色度座標**上では**図18-6**に示したように，LEDの発光スペクトルに対応する色度座標と白色点を結んだ直線がスペクトル軌跡（単色光の色度の軌跡）と交わる点の波長が主波長です。人間の眼は波長により視感度が異なるので，スペクトル幅が比較的広いLEDの発光色は，ピーク波長に対応する色とは違って見えます。定性的な言い方をすると，人間の眼に見える色が主波長にほぼ対応します。市販

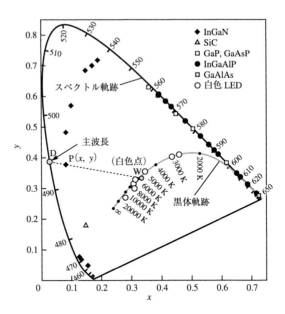

図18-6　LEDの色度と主波長

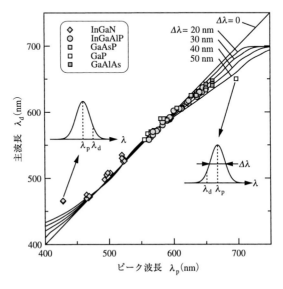

図18-7　LEDの主波長とピーク波長との関係

LEDの主波長とピーク波長の関係を**図18-7**に示しました。**図18-7**からわかるように，スペクトル幅が広い程，主波長とピーク波長のずれは大きくなります。

図18-6には**白色LED**の色度も示してあります。白色LEDについてはここで詳しく述べませんが，例えば青色LEDで黄色の蛍光体を励起し，その合成された光が人間の眼には白色に見えるLEDです。白色光には例えば太陽光があります。太陽からの光は"**黒体放射**"と呼ばれるスペクトルで近似できます。白色LEDの光の色度座標は，この黒体放射スペクトルの色度に近い位置にあります。黒体放射はその温度によってスペクトルがシフトし，したがって色度が異なります。この黒体放射スペクトルの色度を結んだ曲線を**黒体軌跡**と呼びます。白色LEDの色度が色度座標上で最も近い黒体軌跡上の座標に対応する黒体放射の温度を**相関色温度**と呼びます。例えば"相関色温度が5000 Kの白色LED"という言い表し方をしますが，これは発光層の温度が5000 Kになっている訳ではなく，対応する黒体放射の温度が5000 Kという意味です。

3.3 LEDの応用例

LEDの特徴と応用例を**表18-2**に示します。LEDは半導体すなわち固体であることから集積・実装が容易，低価格という利点があり，さらに，小型，長寿命，高効率という特長があります。「固体」（solid-state）という言葉はもともと電子管に対してトランジスターなどの半導体素子を用いた回路に使われており，LEDの場合には，電球や蛍光管に対して「固体照明」（solid-state lighting）というように使われるようになりました。

光源としては，スペクトル幅が狭いことから高い色純度を持ち，また各種材料・組成を用いることによって広い色範囲を実現できます。**表18-2**に示したように，これらの特長を活かして，ディスプレイ，交通信号，バックライト，照明などの広い応用分野があります。最近では白色LEDによる照明応用分野は著しく進展しています。

表18-2 LEDの特徴と応用分野

LEDの特徴	効果	応用分野
半導体	半導体プロセス	表示（ディスプレイ）
	集積・実装容易	屋内掲示板
‖	低価格	屋外掲示板
		携帯電話
固　体	ガラス管不要	車載
	真空不要	交通信号
	Hg不使用	植物栽培
小　型	省スペース	センサー
長寿命	保守頻度低減	液晶バックライト
高効率	省エネ	TVリモコン
狭スペクトル	高い色純度	光リンク
広い色範囲	色再現性	車載照明
		一般照明

4　半導体レーザーの構造と特性

4.1　半導体レーザーの構造と材料

図18-8に半導体レーザーの構造例を示します。発光層となる活性層をn型半導体とp型半導体で挟んだ2重ヘテロ構造を基本とし，上

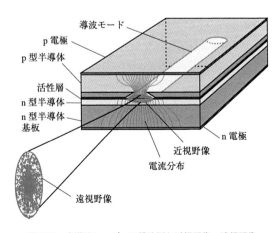

図18-8　半導体レーザーの構造例と近視野像，遠視野像

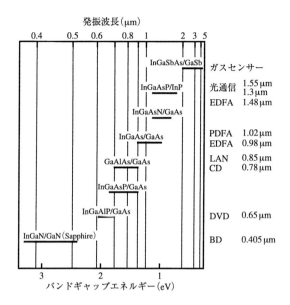

図18-9　半導体レーザー材料と応用分野

下の電極から電流を流すことで活性層に利得が生じます。

2.3でも述べたように，2重ヘテロ構造は光導波路構造にもなっており，導波モードが形成されます。この導波モードの端面での分布を**近視野像**，出射された光の十分遠方での分布を**遠視野像**といいます。

代表的な半導体レーザー材料の波長範囲とそれらの用途を**図18-9**に示します。このうちCD，DVD，BDと記したのは**光メモリー**用光源としての応用です。またEDFA（erbium-doped fiber amplifier），PDFA（praseodymium-doped fiber amplifier）は**光通信**で用いられる**光ファイバー増幅器**で，その励起用光源に半導体レーザーが用いられます。光メモリーと光通信は半導体レーザーの代表的な応用例です。

4.2　しきい値

半導体レーザーがLEDとは異なる点の一つに電流－電圧特性における"**しきい値**"があります。2.4で述べたようにLDは誘導放出を利用

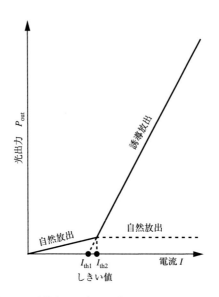

図18-10　半導体レーザーの電流－光出力特性としきい値

します。電流密度の低い領域では自然放出が支配的ですが，ある電流値を越えると誘導放出が急激に立ち上がります。この誘導放出が立ち上がる電流値をしきい値といいます。**図18-10**に示したように，しきい値にはいくつかの定義の仕方があります。図では，誘導放出の直線を延長して$P_{out}=0$となる点をI_{th1}，原点からの自然放出光成分の直線と誘導放出光成分の直線との交点の電流値をI_{th2}としてあります。この他に，d^2P_{out}/dI^2が極大となる電流値として定義する場合があります。

4.3　半導体レーザーの応用例

図18-9に示した光メモリーや光通信応用だけでなく，半導体レーザーは様々な分野で使われています。**表18-3**に応用例を示します。

第18章 光源(2) 半導体レーザーとLED

表18-3 半導体レーザーの応用例

応用分野	応用例
光通信	長距離・大容量基幹回線，海底ケーブル，LAN，光配線
光記録	CD，DVD，BD，SAN，ホログラムメモリー，近接場記録
情報処理	画像変換／フィルタリング，光コンピューティング，量子情報処理
入出力	マウス，バーコードリーダー，レーザープリンター
ディスプレイ	レーザーディスプレイ，レーザーバックライト，ホログラム
計測・制御	レーザー顕微鏡，レーザー距離計，レーザーポインター，レーザーマーカー，レーザー水準器，光エンコーダー，レーザーレーダー，光ファイバージャイロ，ガスセンサー，3次元計測
パワーエレクトロニクス	エンジン点火
照明	半導体レーザー照明，ヘッドライト
加工	レーザー溶接，レーザー穴あけ，3次元加工，フェムト秒加工，ナノ加工，光造形
医用	眼科治療，歯科治療，皮膚科治療，レーザーメス，生体計測，光CT
環境	植物栽培，ダイオキシン計測，果物選別，食品加工

5 LEDとLDのパッケージ

LEDとLDのパッケージの例を**図18-11**に示します。

5.1 LEDパッケージ

図18-11 (a) に示したLEDパッケージは，その形状から"砲弾型"と呼ばれています。樹脂レンズは光取り出し効率を高める役割も果たしています。

LEDを発光させるには，アノードに+の電圧を印加します。リードピンの長い方がアノードです。**アノード**（anode）と**カソード**（cathode）は記号ではそれぞれAおよびKと記します。カソードの英語の頭文字はCですが，記号でKと書くのはドイツ語のKathodeに由来しています。
LED素子のn電極面はカソードのリードフレームにボンディング

（接着）されています。製造過程でこの接着固定工程のことをダイボンディングと呼びます。ダイ（die）というのは半導体素子のことで，さいころのdiceと同じ言葉です。p電極側とアノードのリードフレームとは導線でボンディングされます。こちらはワイヤーボンディングと呼ばれます。**図18-5（b）**に示した絶縁基板LEDの場合には，n電極，p電極ともワイヤーボンディングになります。

5.2 LDパッケージ

LDパッケージの例を**図18-11（b）**に示します。外径寸法として9.0 mmφ，5.6 mmφ，3.8 mmφ，3.3 mmφなどがあります。

図18-11（b）に示したようにパッケージには通常光出力モニター用の**PD（フォトダイオード）**が内蔵されていて，LDの後面からの光出力を検出できます。半導体レーザーはほとんどの場合，光出力が一定となるように動作させます。その際PDの出力はLDの光出力を監視

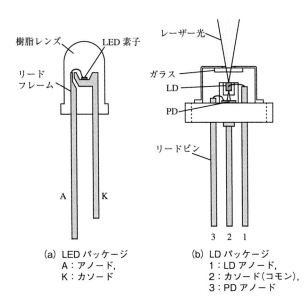

(a) LED パッケージ
A：アノード，
K：カソード

(b) LD パッケージ
1：LD アノード，
2：カソード（コモン），
3：PD アノード

図18-11 LED，LDのパッケージ構造例

する目安となります。しかし，LDの前面からの光出力を正確に制御しようとする場合には，このPD出力はあまりあてになりません。これは半導体レーザーへの戻り光があると，前面光出力と後面光出力の比が変わるからで，特に戻り光雑音に対しては，それぞれの光出力はほとんど相関がありません。そのため，正確な定光出力制御（APC：automatic power control）を行うには，外部の光学系で前面出射光をモニター光として用いる必要があります。

DVD用半導体レーザーでは，波長650 nmの赤色レーザーだけでなくCD用の780 nmレーザーも用いられます。材料系は赤色レーザーがInGaAlP系，赤外レーザーがGaAlAs系と異なりますが，基板がGaAsと共通なので，両方を同一基板上に集積した2波長集積半導体レーザーが用いられます。この場合のパッケージは4ピン構造になります。

（波多腰 玄一）

やってみよう！実験 18-❶ バンドギャップを見積もってみよう

2.1で，半導体のバンド間遷移で放射される光の光子エネルギーはその半導体のバンドギャップエネルギー $E_g=eV_g$ にほぼ等しいことを説明しました。したがってLEDの発光波長を測定すれば

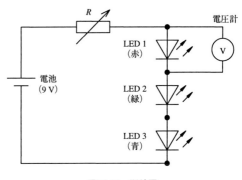

図18-12　配線図

E_g を推定できる訳ですが，分光器や光スペクトルアナライザーを個人で入手するのは大変です。そこでもし電圧を測定できるテスターがあれば，**図18-12**のような配置でLEDの動作電圧を測定してみま

しょう。動作電圧は電流値にも依存しますが，発光している状態での動作電圧がV_gにほぼ等しいと仮定します。もちろんこれは厳密ではありませんが，およその値を見積もることができます。波長の異なるLEDを比較するために図のように直列に接続します。こうすると3つのLEDを流れる電流はすべて等しくなるので，公平な比較になります。この構成でLED1，LED2，LED3の各両端の電圧を測ってみましょう。その値が電子ボルト［eV］で表したバンドギャップエネルギーの見積もりとなります。式（18-2）を用いて波長を求め，眼に見える発光色と合っているかどうかを確かめてみましょう。白色LEDの場合にはどうなるでしょうか。

---

coffee break 18-❶　アノードとカソード

「ダイオード」という単語はdi（2）とギリシャ語のhodos（道）に由来しています。電極（electrode）はelektron（琥珀）+hodosから，アノード（ana（up）+hodos：上り口）とカソード（kata（down）+hodos：下り口）も同様です。化合物半導体のイオン結合におけるアニオン（ana+ion）とカチオン（kata+ion）は，アノード，カソードと同じanaとkataに由来する言葉です。これらのelectrode，anode，cathode，ion，anion，cationという言葉は，有名なマイケル・ファラデー（Michael Faraday）が命名し，一般化しました。用語の発案者は，ファラデーの相談相手であったヒューウェル（William Whewell）だそうです。

　前述のhodosに相当する日本語が「極」で，例えば光電管ではアノードが陽極，カソードが陰極になります。ところが，同じ受光デバイスでもPD（フォトダイオード）ではカソードが陽極，アノードが陰極になります。LEDではフォトダイオードと逆です。**図18-12**の回路図記号でいうと，各LEDの上がアノードで陽極，下がカソードで陰極です。日本語では電位の高い方を陽極，低い方を陰極としているため，逆バイアスで使用するPDではカソードが陽極になる訳です。このため時々混乱が起こります。pn接合デバイスでは陽極，陰極と呼ばずに，p型半導体側の電極をp電極，n型半導体側の電極をn電極と呼んでおけば問題ないようです。

第19章

光の理論体系

1 電磁光学と波動光学

　これまで見てきた通り，光の取り扱いは一通りではなく，いろいろな捉え方があります。本章では，異なる光の捉え方の間の関係を考えましょう。光の正体は電磁波です。これは揺るぎのない事実です。なので，電磁光学を中心に据え，いろいろな××光学との関係を考えて行きましょう。最初に，電磁光学と波動光学を取り上げます。

　光を電磁波と捉えるのが，電磁光学（物理光学とも言います）です。電磁光学には大きく2つの側面があります。

1. 光の伝搬。真空（自由空間），あるいは，物質が分布している空間中の光の伝搬を扱います。この場合，物質の光学的な性質（屈折率や吸収係数）は分かっているというのが前提条件です。たとえば，光の干渉・回折やレンズによる結像，境界面における反射透過などがこれに当たります。
2. 光と物質の相互作用。物質を荷電粒子の集合体と考え，電磁波と物質の相互作用を扱います。光の放射や吸収もこの範疇に入ります。物質については，しばしば量子力学に基づく取り扱いが必要になります。たとえば，屈折率分散や黒体放射，レーザーの物理などが含まれます。

電磁光学のうち，光の伝搬に限定したのが波動光学です。

2 スカラー波とベクトル波

波動光学で，偏光を考慮する場合をベクトル波理論，波動性のみに着目し偏光を考慮しない場合をスカラー波理論とよびます。光は電場と磁場の振動が空間を伝わる現象ですから，本来ベクトル波です。スカラー波は一つの偏光成分（たとえば，特定の方向の直線偏光）に着目した扱いであると考えることができます。厳密には，伝搬に伴い偏光状態は変化するのですが，多くの場合，偏光の変化は大きくありません。ベクトル波に比べスカラー波の方が数学的にずっと簡単になるので，光の回折や結像ではスカラー理論が用いられています。光軸に対し光線が大きな角度を取る高開口数（NA）の光学系では，偏光の効果を無視できず，ベクトル波理論が必要になります。

結晶など異方性物質中の伝搬を扱う結晶光学では，スカラー波理論は無力で，ベクトル波理論で扱わなくてはいけません。

3 波動光学と幾何光学

幾何光学では光の伝搬を光線で表現します。光線を「光の粒子」の軌跡と考えれば，光の粒子説に基づく理論であると言えます。なので，幾何光学と波動光学とは相容れない，全く正反対の理論であるように思えるかも知れません。しかし，実は意外にも，両者は大変密接な関係にあります。ここでは，幾何光学と波動光学の関係について，詳しく見て行きましょう。

3.1 光路長と波面

物体上の1点を考えます。この点から多数の光線が出てきます。これらをまとめて**光線束**といいます。大事なことは，共通の1点から出てきた光線だということです。この点のことを光線束の点光源とよぶことにします。幾何光学では，1本1本の光線を別々に考えるのではなく，光線束全体に対して成り立つ性質を考えることが重要になります。

屈折率が一定値を取る空間の中では光線は直線になります。2点間の距離にその空間の屈折率をかけた値を**光路長**とよびます。たとえば，光が空気中を1 cm進むとき，光路長は1 cmです。ところが，厚さ1 cmのガラスを通過する光線は，ガラスの屈折率が1.5であると，光路長は1.5 cmになります。光学系を通過する光線は，境界面で屈折しますから，全体を見ると折れ線の形をしています。このときは，線分の光路長を計算し，それを足し合わせたものが，光線全体の光路長になります。

　さて，ある点光源から出てきた光線束を考えましょう。点光源から測った光路長があらかじめ決められた値を取る点を光線ごとに取ります。それらを繋ぐと一つの面ができます。これを幾何光学的波面，あるいは，簡単に**波面**とよびます。波面とは，波の山の部分の頂点を繋いだ面ですから，本来，波に関係する量です。幾何光学に波面が登場するということは，幾何光学と波動光学の密接な関係を匂わせるではありませんか。

　結像光学系を通る光線束を考えましょう。点光源からは球面波が出てきます。なので，波面は最初は球面です。光線は境界面に到達すると屈折または反射します。何度も屈折や反射を繰り返すうち，波面はどんどん複雑になります。結像光学系であれば，最後は像面に到達します。さて，理想的な光学系であれば，全ての光線は像点に集まります。波面の言葉で言うと，像点に収束する球面波になります。

　要するに，光学系の性質は，光線の言葉でも波面の言葉でもどちらでも語ることができるのです。両者を繋ぐ重要な事実は，「光線は波面に直交する」ことです[注1]。波面が分かれば，それに垂直な直線を引けば，光線が求まります。逆は少し面倒ですが，光線束を形成するすべての光線に直交する面を見つければ，それが波面になります。もちろん，波面は光路長の等しい面ですから，光線を追いかけて光路長

(注1) 厳密に言うと，この法則が成り立つのは，等方性媒質の中だけです。結晶の様な異方性媒質中では，波面と光線は必ずしも直交しません。

を計算すれば，波面が求まります．

3.2 波動光学から幾何光学へ

幾何光学はそれ自身閉じた理論体系を持ちます．しかし一方で，波動光学の近似理論という側面も持ちます．ここでは，波動光学から幾何光学を導く方法を取り上げます．このとき拠り所となるのは，前項で述べた波面の考え方です．すなわち，波動光学の基本方程式（電磁気学のマクスウエル方程式，あるいは，スカラー波に対する波動方程式）から，幾何光学的な波面または波動関数が満たす方程式が導かれることを示すのです．これまでに，近似法が二つ知られています．

一つは，波動方程式で波の波長を限りなく0に近づけた極限を取る方法です．波長の逆数である波数を考えると無限大になります．数学では，パラメーターを無限に大きく取った極限を考える方法を漸近法とよびます．この意味で，波数に関する漸近法ともよばれます．幾何光学では回折現象を考えることができなくなります．開口による回折では，回折角の大きさは波長と開口の径の比に比例します．なので，波長が0になれば，回折現象は生じなくなります．波長0の極限を考えるのは自然な発想であると言えます．

第2の方法は，ルネブルグによって発案された方法です[1]．パルス状の波を考えましょう．パルスの先頭の面を考えると，それよりも外側では波はまだ到達していないので振幅は0です．内側では波が既に到達しているので，振幅は有限の値を持ちます．実在するパルスでは，振幅は連続的に0から増大して行くのですが，理想的な場合は，振幅が突然0から有限の値にジャンプすると考えられます．このような見方では，パルスの先頭面は振幅が不連続的に変化する面であると考えられます．波動方程式は微分方程式ですから，不連続面では微分不可能になり，扱いは難しくなりますが，しかし，注意深く考察することにより，不連続面を扱うことも可能になります．状況は異なるのですが，空気とガラスの境界面で波が反射屈折するときも，電磁場の振幅の不連続的な変化を扱うことになるので，数学的に突飛なことではあ

りません。さて，この不連続面の伝搬が，幾何光学的波面の伝搬の式に一致します。

4 光線追跡とフェルマーの原理

　点光源から出た光線は，反射屈折の法則を使って追いかけることができます。光学系の中で光線を求めることを光線追跡といいます。

　ところが，光線追跡とは全然異なる方法で光線を決めることができます。それがフェルマーの原理です。

　フェルマーの原理では，光線の出発点と到達点をあらかじめ決めておき，この2点を結ぶ光線を決定するのです。2点を結ぶ道を決めます。この道に沿って光路長を計算します。異なる道を選べば，光路長も異なります。さて，フェルマーは，「光路長が最小値を取る道」が2点を結ぶ光線であると主張しました。光線追跡の素直な考え方に対比して，フェルマーの原理は分かり難いのですが，正しい考え方であることが分かっています。実際，フェルマーの原理を使って，反射屈折の法則を導くことができます。光路長を真空の光速度で割ると，光が到達するまでの経過時間が求まります。なので，フェルマーの原理は，「光は最短時間で目的地に到達する」と言い換えることができます。光はどうしてそこに行く前から最短の近道を知っているのだろうか，という素朴な疑問に対する答えはありません。

5 測光学

　測光学は光のエネルギー伝搬を扱う理論です。物理的なエネルギー（光のパワー）を扱う場合を**放射測光学**，光のエネルギーを人間の眼の感度で測る場合を**測光学**と言います。光のパワーに相当する量を，放射測光学では**放射光束**，測光学では**光束**と言います。放射測光学と測光学はパワーを測る単位が異なるだけで，全く平行して議論できます。光の伝搬は幾何光学の法則で扱います。

面光源の明るさを測る基本量は**輝度**です．輝度は，面光源上の微小な面積部分が，微小な立体角の中に放射する光束で定義されます．大雑把な言い方をしますと，輝度とは，面光源上の1点からある方向に出た光線が運ぶ光のパワーです．すなわち，輝度は位置と方向の関数です．なお，吸収や散乱などのエネルギー損失が無ければ，光線に沿って輝度は一定値をとること（輝度不変則）が証明されています．

　波動光学では，輝度に相当する量は存在しません．波の伝搬に対して，位置と方向を同時に決定することはできないからです．これは，量子力学の不確定性原理と似ています．ただし，波動光学的に輝度を定義しようという研究はあります．Waltherは，量子統計力学のウィグナー分布関数の考えを援用し，波動光学的な輝度を導入しました[2]．波動光学的輝度は，形式的に，幾何光学的な輝度と同じ公式を満たします．しかし，やはり本物ではありません．その証拠に，場合により負の値を取ることがあります．もちろん，幾何光学的な輝度は決して負になることはありません．

　少し難しくなりますが，補足をします．電磁気学では，**ポインティングベクトル**がエネルギーの流れを表すベクトルであると言われています．ポインティングベクトルSは，電場のベクトルEと磁場のベクトルHのベクトル積（$S = E \times H$）で定義されます．Sは場所の関数ですから，その位置を通過する電磁場のエネルギーを表すベクトル，すなわち，流れのベクトルであると解釈されます．しかし，波動光学で輝度が定義できないのと同様の理由で，この解釈は物理的には正しくありません．正しい表現は以下の通りです．空間内のある領域とそれを囲む境界面を考えます．ポインティングベクトルと境界面の法線ベクトルの内積を境界面全体で積分した値は，領域内部の電磁場のエネルギーの変化率に等しくなります．この変化率には，領域内部の物質によって吸収されるエネルギーも含まれます．数式の様に書くと，エネルギーの時間変化は，外から流入するエネルギーと内部で熱に変わるエネルギーの和に等しくなります．エネルギーの流入部分が，ポインティングベクトルの積分で表されます．

6 ニアフィールドとファーフィールド

　顕微鏡のような結像光学系の分解能は，光の回折現象で決まっています。大雑把に言うと，光の波長より細かい構造は分解できません。これを回折限界と言います。これに対し，最近（といってももう30年ぐらい前になりますが），鋭い針の尖端や波長よりも小さい孔にレーザー光を当てると，波長以下の細かい構造の光の分布を作ることができます。これを上手に使うと回折限界を超えた結像が可能になることが明らかになりました。この一連の技術を**ニアフィールド（近接場）光学**と言います。この技術の切っ掛けは，光ではなく電子を用いた**走査型トンネル顕微鏡**の発明にあります。STMでは尖った針先を物質に近づけ針を流れるトンネル電流を測ることにより，細かい電子ポテンシャル構造を見ることができます。実際，原子そのものが観測されています。なお，通常の回折で作られる場を遠くの場（ファーフィールド）と言います。

　ファーフィールドは，長距離を伝搬できる光波でできています。これに対し，ニアフィールドには，通常の波とは別に，物質の近くにしか存在せず長距離を伝搬できない波が存在します。この波は，物質から離れるとすぐに消えてしまう波という意味で，**エバネッセント波**と呼ばれます。たとえば，全反射では透過側にエバネッセント波が生じます。また，最近流行のプラズモニクスでは，金属と誘電体の境界面の両側にエバネッセント波が発生します。

7 非線形光学

　レーザー光を集光すると非常に強い光の場が作られます。レーザー加工では，金属やセラミックス材料をレーザー光で溶かしたり切断したりすることが可能になります。この場合は，光と物質の相互作用は，通常の弱い光の場合とは異なった様相を呈します。

　物質は正負の電荷で出来上がっています。そこに光が当たると，光

の電場によって電荷が力を受けます。正負の電荷には逆向きに力が働くので，それらは分離します。これを分極すると言います。分極の大きさは，普通の光の場合，光電場の振幅に比例します。これが，屈折率や吸収の原因になります。これを線形光学とよびます。光が強くなると，線形性から外れてきます。分極に電場の振幅に対し非線形な項が現れてくるのです。この結果，線形光学では起きないような特異な現象が生じます。これが**非線形光学**です。非線形光学の一番顕著な例は，入射したレーザー光の2倍の周波数（波長が半分）の光が発生する現象で，**第2高調波発生**と言います。よくある例は，緑色のレーザーポインターで，もともとは波長 $1.064\ \mu m$ の近赤外光が，$0.532\ \mu m$ の可視光に変換される現象です。非線形光学現象には，この他沢山の事例が見つかっています。

8 量子光学

光は量子性を持ちます。**量子性**とは，ミクロな粒子（光も含みます）が粒子のようにも振る舞うし，波のようにも振る舞う二重性を持つということです。光の量子性を最初に指摘したのはアインシュタインです。光の量子を光子とよびます。光子のエネルギーは，光の周波数に比例します。したがって，X線やガンマー線など高周波数の光では，光子1個のエネルギーが大きくなり，ほとんど粒子として振る舞います。可視光の周波数領域では光子エネルギーはそれほど大きくはなく，粒子性は隠れてしまいます。

可視光でも量子性が顕著に現れるのは，光の放出や吸収の現象です。光る物体からは，光子が放出されます。光子は1個2個と数えることができますから。物体が放出する光のエネルギーは離散的になります。十分高感度の検出器を用いると，光子1個を検出することができます。これを**光子計数**といいます。

最近では，より高度な量子性に関心がもたれています。たとえば，パラメトリック過程とよばれる非線形光学効果を用いると，1個の光

子を消して，2個の光子を同時に放出することができます。この2個の光子は，量子論的な意味で相関を持ちます。このような光子のペアを観測すると，古典光学では説明できない奇妙な結果が得られます。このような高度の量子性を利用した量子暗号通信や量子コンピューターの実用化が進められています。

9 ガリレオとアインシュタインの相対性原理

　相対性原理とは，物理法則は，それを記述する座標系によらないという物理学者の信念に基づいた原理です。特殊相対性理論では，座標系とは，慣性の法則（力の働かない物体は等速直線運動をする）が成り立つ慣性座標系を指します。2つの慣性座標系は互いに等速直線運動をしています。

　ニュートン力学に対して**相対性原理**が成り立つことは古くから知られていました。これはガリレオの相対性原理とよばれています。ガリレオの相対性原理では光は特別のものではないので，追いかければ見かけの光速度は遅くなります。原理的には，光に追いつくことも可能です。しかし，追いついて止まった光とはなんだろうかという疑問が生じます。アインシュタインは電磁気学でも相対性原理が成り立つはずと考えました。電磁気学では，電磁波は真空中を光速度cで進みます。相対性原理が成り立てば，光速度は座標系によらず一定値をとらなくてはいけません。すなわち，光をどんなに高速の乗り物で追いかけても，常に光速度cで逃げて行くのです。この結論は，ガリレオの相対性原理と矛盾します。この矛盾を解決したのが，アインシュタインの特殊相対性理論です。ここでは，光速度が中心的な役割を果たしています。

　ニュートン力学では質量0の粒子には力が働かないので存在しないのと同じになります。ところが，相対性理論では質量0の粒子も力学の対象として扱うことができます。ただし，質量0の粒子は常に光速度で走らなくてはなりません。光をこのような粒子として扱うことが

できます。

10 ボース粒子とフェルミ粒子

　光子は素粒子の一種です。地上の物質は，陽子や中性子と電子からできています。陽子や中性子は，さらにクォークからできています。電子はニュートリノとまとめてレプトンとよばれます。物質を構成しているのは，クォークとレプトンです。これらはフェルミ粒子に分類されます。

　素粒子の間には力（相互作用）が働きます。この力を伝達するのも粒子です。日本人で最初にノーベル賞を受賞した湯川教授は中間子理論を提唱しました。この理論で中間子は核力（原子核の中で陽子や中性子の間に働く力）を媒介する粒子として考案されました。核力は現在は強い力とよばれています。この他に，電磁気力，弱い力，重力があります。光子は電磁気力を媒介する粒子と考えられます。これら，力を媒介する粒子はボース粒子に分類されます。ボース粒子とフェルミ粒子は，固有スピンの値で分類されます。

　素粒子反応や原子核反応で光子（ガンマー線）が生成されます。その一例に，電子と陽電子（ポジトロン）の対消滅で2個のガンマー線が放出される現象があります。2個のガンマー線は逆方向に出てくるので，2個のガンマー線を同時に検出すると，2個の検出器を結ぶ線上で反応が起きたことが分かります。多数のガンマー線ペアを検出することにより，対消滅が起きた場所を測定できます。これが**ポジトロン断層法**で病気の診断に用いられます。

（黒田 和男）

一般的な参考文献

第1章〜第3章　光線としての光（槌田 博文）
- 光学のすすめ編集委員会：光学のすすめ（オプトロニクス社，1997）
- 岸川利郎：光学入門（オプトロニクス社，1990）
- 永田信一：図解レンズがわかる本（日本実業出版社，2002）
- 青山剛昌：サイエンスコナン―レンズの不思議（小学館，2004）
- 江馬一弘 監修：Newton別冊光とは何か（ニュートンプレス，2007）
- 久保田広：応用光学（岩波書店，1959）
- 鶴田匡夫：光の鉛筆（新技術コミュニケーションズ，1984〜継続発刊中）
- 松居吉哉：結像光学入門（啓学出版，1988）
- 早水良定：光機器の光学Ⅰ，Ⅱ（日本オプトメカトロニクス協会，1989）

第4章〜第6章　波としての光（宮前 博）
- 佐藤文隆・松下泰雄：波のしくみ（講談社，2007年）
- 川田善正：はじめての光学（講談社，2014年）
- 山崎正之・若木守明・陳軍：波動光学入門（実教出版，2004年）

第7章　波としての光（4）偏光（志村 努）
- Eugene Hecht 著，尾崎義治・朝倉利光 訳：ヘクト 光学Ⅰ，Ⅱ，Ⅲ（丸善出版，2002）
- 大津元一・田所利康 著：光学入門―光の性質を知ろう（先端光技術シリーズ）（朝倉書店，2008）

第8章　自然界の光　屈折，分散など（槌田 博文）
- 鶴田匡夫：光の鉛筆シリーズ（新技術コミュニケーションズ，1984〜）
- 大津元一：光科学への招待（朝倉書店，1999）
- 江馬一弘 監修：Newton別冊光とは何か（ニュートンプレス，2007）
- 田所利康 他：イラストレイテッド光の科学（朝倉書店，2014）

第9章　自然界の光（2）散乱（田所 利康）
- 大津元一 監修，田所利康・石川謙 著：イラストレイテッド光の科学（朝倉書店，2014）
- 大津元一 監修，田所利康 著：イラストレイテッド光の実験（朝倉書店，2016）
- ※以上は，数式を使わずにフルカラーの写真と絵で光の振る舞いを易しく解説した参考書です。
  1) 柴田清孝：光の気象学，応用気象学シリーズ1（朝倉書店，1999）

第10章　目のしくみと色の見え方（内川 惠二）
  1) 池田光男：眼はなにを見ているか（平凡社，1988）
  2) 科学（特集：色をみる心のメカニズム），VOL. 65，NO. 7（岩波書店，1995）
  3) From Pigments to Perception, Edited by Ame Velberg and Barry B. Lee（Plenum，1991）

第11章　光学機器（1）めがね（丸山 晃一）
- 日本眼鏡学会眼鏡学ハンドブック編纂委員会：眼鏡学ハンドブック（眼鏡光学出版，2011）

第12章　光学機器（2）望遠鏡（竹内 修一）
- 吉田正太郎：新版天文アマチュアのための望遠鏡光学・屈折編（誠文堂新光社，2005）
- 吉田正太郎：新版天文アマチュアのための望遠鏡光学・反射編（誠文堂新光社，2005）

第13章　光学機器（3）顕微鏡（槌田 博文）
- 稲澤讓治 他：顕微鏡フル活用術イラストレイテッド（秀潤社，2000）

第14章　光学機器（4）カメラ（金指 康雄）
- 小倉敏布：写真レンズの基礎と発展（朝日ソノラマ，1995）
- 豊田堅二：デジタル一眼レフがわかる（技術評論社，2008）

第15章　光学機器（5）　内視鏡（槌田 博文）
・諸隈肇：内視鏡テクノロジー（裳華房，1999）
・胃カメラ歴史研究会：胃カメラの技術物語（めいけい出版，1999）

第17章　光源（1）　レーザーの原理（霜田 光一）
・霜田光一：レーザー物理入門（岩波書店，1983）

第18章　光源（2）　半導体レーザーとLED（波多腰 玄一）
・小林洋志 監修，中西洋一郎・波多腰玄一 編著：発光と受光の物理と応用（日本学術振興会光電相互変換第125委員会編）（培風館，2008）
・H. C. Casey and M. B. Panish: *Heterostructure Lasers*（Academic Press, New York, 1978）
・E. F. Schubert: *Light-emitting diodes*, 2nd Edition（Cambridge University Press, New York, 2006）

第19章　光の理論体系（黒田 和男）
1）R. K. Luneburg: *Methematical Throry of Optics*（Univ. California Press, 1964）
2）A. Walther: "Radiometry and coherence", J. Opt. Soc. Am. **58**, 1256 (1968)

索　引

【あ】

アイポイント〔eye-point〕 …………………………………………………… 175
アイレリーフ〔eye-relief〕 …………………………………………………… 175
アクロマート〔achromat〕 …………………………………………………… 192
アッベ数〔Abbe's number〕 …………………………………………………… 48
アノード〔anode〕 ……………………………………………………………… 281
アポクロマート〔apochromat〕 ……………………………………………… 192
アレクサンダーの暗帯〔Alexander's dark band〕 ………………………… 124

【い】

EVF〔electronic view finder〕 ……………………………………………… 206
胃カメラ〔gastrocamera〕 …………………………………………………… 220
位相〔phase〕 ……………………………………………………………… 57, 99
位相差観察〔phese-contrast imaging〕 …………………………………… 198
位相速度〔phase velocity〕 …………………………………………………… 56
位相フレネルレンズ〔phase Fresnel lens〕 ………………………………… 92
一眼レフ〔single-lens reflex〕 ……………………………………………… 199
一回記録ディスク〔write once read many optical disk〕 ……………… 234
イメージガイドファイバー〔image fiber〕 ………………………………… 225
色〔color〕 ……………………………………………………………………… 144
色消しレンズ〔achromatic lens〕 …………………………………………… 177
色収差〔chromatic aberration〕 ……………………………………………… 45
色の恒常性〔color constancy〕 ……………………………………………… 153

【う】

後側焦点〔back focus〕 ………………………………………………………… 24

【え】

エアリーディスク〔Airy's disk〕 ……………………………………………… 88
エアロゾル〔aerosol〕 ………………………………………………………… 127
エイリアシング〔aliasing〕 ………………………………………………… 156
APS-C〔advanced photo system〕 ………………………………………… 201
s偏光〔s-polarized light〕 …………………………………………………… 106

NA〔numerical aperture〕……………………………………………………… 232
エネルギー準位〔energy level〕………………………………………………… 251
エバネッセント光〔evanescent light〕………………………………………… 93
エバネッセント波〔evanescent wave〕………………………………………… 291
fθレンズ〔fθ lens〕……………………………………………………………… 243
Fナンバー〔f-number〕………………………………………………………… 48, 202
MO〔magneto-optical disc〕…………………………………………………… 232
MD〔MiniDisc〕………………………………………………………………… 232
LED〔light emitting diode／発光ダイオード〕……………………………… 266
LD〔laser diode／semiconductor laser／半導体レーザー〕……………… 270
遠視〔hyperopia; farsightedness.〕…………………………………………… 161
遠視野像〔far-field pattern〕…………………………………………………… 95, 279
遠点〔far point〕………………………………………………………………… 161
円偏光〔circular polarization／circularly polarized light〕………………… 110

【お】
凹面鏡〔concave mirror〕……………………………………………………… 25
凹レンズ〔concave lens〕……………………………………………………… 22

【か】
開口絞り〔aperture stop〕……………………………………………………… 193
開口数〔numerical aperture〕………………………………………………… 48, 232
回折〔diffraction〕……………………………………………………………… 51, 81
回折角〔angle of diffraction〕………………………………………………… 89
回折限界〔diffraction limit〕…………………………………………………… 232
回折格子〔diffraction grating〕………………………………………………… 88, 232
回折次数〔order of diffraction〕……………………………………………… 90
回折レンズ〔diffractive lens〕………………………………………………… 232
回転多面鏡〔polygon mirror〕………………………………………………… 244
ガウスタイプレンズ〔Gauss objective lens〕………………………………… 210
ガウス領域〔Gaussian optics〕………………………………………………… 45
画角〔angle of view〕…………………………………………………………… 204
可干渉性〔coherency〕………………………………………………………… 65
書き換え可能ディスク〔rewritable disc〕…………………………………… 234
可逆性〔reversibility〕………………………………………………………… 12
拡散光〔divergent light〕……………………………………………………… 4

角倍率〔angular magnification〕 173
角膜〔cornea〕 158
重ね合わせ〔superposition〕 65
可視光〔visible light／visible radiation〕 12, 58
カソード〔cathode〕 281
活性層〔active layer〕 270
価電子帯〔valence band〕 267
カプセル内視鏡〔capsule endoscope〕 228
加法混色〔additive color mixture〕 149
下方蜃気楼〔inferior mirage〕 118
カメラオブスキュラ〔camera obscura〕 199
眼球〔eyeball〕 159
感光体ドラム〔photoconductor drum〕 243
干渉〔interference〕 51, 64
干渉縞〔interference fringe〕 68
桿体〔rod〕 146

【き】

幾何光学〔geometric optics〕 2
輝度〔luminance〕 290
擬フェルミ準位〔quasi-Fermi level〕 271
吸収断面積〔absorption cross-section〕 258
球面収差〔spherical aberration〕 47
球面波〔spherical wave〕 60
魚眼レンズ〔fisheye lens〕 119
共振〔resonance〕 259
共振角周波数〔resonance angular frequency〕 259
共振器〔cavity, resonator〕 273
虚像〔virtual image〕 12, 23
近視〔myopia; nearsightedness〕 161
近軸領域〔paraxial〕 45
近視野像〔near-field pattern〕 95, 279
近接場光〔evanescent light〕 93
近点〔near point〕 161

【く】

クイックリターンミラー〔instant return mirror〕 ………………………… 208
屈折〔refraction〕 ……………………………………………………………… 7
屈折異常〔ametropia〕 ……………………………………………………… 161
屈折角〔angle of refraction〕 ………………………………………………… 7
屈折の法則〔law of refraction〕 ……………………………………………… 7
屈折望遠鏡〔refractive telescope〕 ………………………………………… 173
屈折率〔refractive index〕 …………………………………………… 107, 272
クラッド〔clad〕 ……………………………………………………………… 9
クラッド層〔cladding layer〕 ……………………………………………… 270
グリーンフラッシュ〔green flash〕 ……………………………………… 116
GRINレンズ〔gradient-index lens〕 ……………………………… 28, 228
クロスニコル〔crossed nicols〕 …………………………………………… 105

【け】

ケーラー照明〔Kohler illumination〕 …………………………………… 193
結像〔imaging〕 ……………………………………………………………… 18
結像公式〔lens formula〕 …………………………………………………… 31
ケプラー式望遠鏡〔Keplerrian telescope〕 ……………………………… 40
顕微鏡〔microscope〕 ……………………………………………………… 185

【こ】

コア〔core〕 …………………………………………………………………… 9
光学顕微鏡〔optical microscope〕 ………………………………………… 186
光源〔light source〕 …………………………………………………………… 3
虹彩〔iris〕 …………………………………………………………………… 158
光子〔photon〕 ……………………………………………………………… 252
光子エネルギー〔photon energy〕 ………………………………………… 267
光軸〔optical axis〕 …………………………………………………………… 20
光子計数〔photon counting〕 ……………………………………………… 292
格子定数〔lattice constant〕 ………………………………………………… 89
硬性鏡〔rigid scope〕 ……………………………………………………… 216
合成焦点距離〔focal length of compound system〕 ……………………… 40
光線〔ray〕 …………………………………………………………………… 1
光線束〔ray bundle〕 ……………………………………………………… 286
構造色〔structural color〕 ………………………………………………… 125

光束〔illuminant flux〕·· 289
光芒〔crepuscular rays〕·· 112
光量子〔light quantum〕··· 252
光路長〔optical path length〕·· 287
黒体軌跡〔Planckian locus〕·· 277
黒体放射〔black-body radiation〕································ 254, 277
固定端反射〔fixed end reflection〕··································· 71
コヒーレンス長〔coherence length〕·································· 65
コリメートレンズ〔collimator〕·· 235
コンパクトカメラ〔compact camera／point-and-shoot camera〕······ 199
コンパクトディスク〔compact disc〕··································· 232

【さ】

ザイデルの5収差〔Seidel five aberration〕·························· 45
撮像素子〔image sensor〕·· 36, 200
3原色〔three primary colors〕·· 150
3準位レーザー〔three-level laser〕··································· 261
散乱〔scattering〕·· 126

【し】

CCD〔charge-coupled device〕··································· 36, 199
CD〔compact disc〕·· 232
CMOS〔complementary metal–oxide–semiconductor〕················ 199
紫外線〔ultraviolet rays〕··· 58
磁気〔magnetism〕·· 98
しきい値〔threshold〕·· 279
磁気光学カー効果〔magneto-optic Kerr effect〕····················· 234
色度座標〔chromaticity coordinate〕·································· 275
指向性〔directivity〕·· 262
視神経〔optical nerve〕·· 146
自然光〔natural light〕·· 101
自然放出〔spontaneous emission〕································ 252, 272
自然放出係数〔coefficient of spontaneous emission〕·············· 253
実視界〔angle of view／実視野角〕···································· 177
実像〔real image〕·· 20
磁場〔magnetic field〕·· 98

絞り〔aperture stop／diaphragm〕……………………………… 48, 200
視野絞り〔field stop〕……………………………………………… 176, 193
シャッター〔shutter〕……………………………………………… 200
周期〔cycle〕………………………………………………………… 56
集光〔conversing light〕…………………………………………… 18
集光力〔light gathering power〕………………………………… 176
収差〔aberration〕………………………………………………… 45
収差補正〔correction of aberrations〕………………………… 46
自由端反射〔free end reflection〕……………………………… 71
周波数〔frequency〕……………………………………………… 56
主点〔principal points〕…………………………………………… 23
主虹〔primary rainbow〕………………………………………… 122
主波長〔dominant wavelength〕………………………………… 275
主平面〔principal planes〕……………………………………… 23
順応〔adaptation〕………………………………………………… 152
硝子体〔vitreous body／「がらすたい」とも読む〕………… 158
焦点〔focal points〕……………………………………………… 23
焦点距離〔focal length〕………………………………………… 23, 202
焦点深度〔depth of focus〕……………………………………… 37
上方蜃気楼〔superior mirage〕………………………………… 117
照明光学系〔illunination optical system〕…………………… 193
初期位相〔initial phase〕………………………………………… 57
シリンダーレンズ〔cylindrical lens／シリンドリカルレンズ〕………… 232
蜃気楼〔mirage〕………………………………………………… 28, 117
振動数〔frequency〕……………………………………………… 57

【す】

水晶体〔crystalline lens〕………………………………………… 158
水晶体嚢〔capsula lentis〕……………………………………… 158
錐体〔cone〕………………………………………………………… 146
錐体モザイク〔cone mosaic〕…………………………………… 154
ズームレンズ〔zoom lens〕……………………………………… 204
スネルの法則〔Snell's law〕……………………………………… 7
スマートホン〔smartphone〕…………………………………… 209

【せ】

正弦波 〔sine wave〕 …… 56
正孔 〔hole／ホール〕 …… 268
正視 〔emmetropia; normal vision〕 …… 162
正反射 〔regular reflection〕 …… 5
正立像 〔erect image〕 …… 23
正レンズ 〔positive lens〕 …… 25
赤外線 〔infrared rays〕 …… 59
接眼レンズ 〔eyepiece／ocular〕 …… 40, 170, 187
遷移 〔transition〕 …… 268
潜像 〔latent image〕 …… 243
尖頭出力 〔peak power〕 …… 265
全反射 〔total internal reflection〕 …… 9

【そ】

相関色温度 〔correlated color temperature〕 …… 277
双眼実体顕微鏡 〔stereoscopic microscope〕 …… 194
双極子輻射 〔dipole radiation〕 …… 109
走査型トンネル顕微鏡 〔scanning tunnnel microscope, STM〕 …… 291
走査レンズ 〔scanning lens〕 …… 244
相対性原理 〔principle of relativity〕 …… 293
相変化 〔phase change technology〕 …… 234
測色学 〔colorimaetry〕 …… 149
測光学 〔photomertry〕 …… 289

【た】

大気エアロゾル粒子 〔atmospheric aerosol particle〕 …… 137
大気差 〔atomospheric refraction〕 …… 115
第2高調波発生 〔second harmonic generation, SHG〕 …… 292
対物レンズ 〔objective lens／objective〕 …… 40, 170, 187
楕円偏光 〔eliptical polarization／elipticaly polarized light〕 …… 111
多重散乱 〔multiple scattering〕 …… 136
多重量子井戸 〔multi-quantum well〕 …… 274
縦波 〔longitudinal wave〕 …… 53
ダハプリズム式 〔roof prism type〕 …… 181
回転多面鏡 〔polygon mirror〕 …… 244

多モード発振〔multimode oscillation〕 260
単式顕微鏡〔simple optical microscope〕 186
単色光〔monochromatic light〕 16
単色性〔monochromaticity〕 263
単レンズ〔single lens〕 17

【ち】

中心窩〔fovea centralis〕 147, 168
頂角〔apex angle〕 15
超低分散ガラス〔super low dispersion glass〕 192
直進性〔nature to be straight〕 6
直線偏光〔linear polarization／linearly polarized light〕 100
チン小帯〔zonule of Zinn／チン氏帯〕 160
チンダル現象〔Tyndall effect〕 127

【て】

DFBレーザー〔distributed feedback laser〕 273
DBRレーザー〔distributed bragg reflector laser〕 273
DVD〔digital versatile disc／DVD〕 232
ディオプター〔diopter／ディオプトリ〕 161
定在波（定常波）〔standing wave〕 78
デジタルカメラ〔digital camera〕 201
デジタルバーサタイルディスク〔digital versatile disc／DVD〕 232
テレビ石〔ulexite〕 227
電気〔electroicity〕 98
電気双極子放射〔electric dipole radiation〕 129
電子〔electron〕 266
電子雲〔electron cloud〕 128
電磁波〔electromagnetic wave〕 53, 98, 128
点像〔point image〕 86
点像強度分布〔point spread function〕 86
伝導帯〔conduction band〕 267
電場〔electric field〕 98

【と】

等色〔color matching〕 149
等倍結像〔1:1 magnification〕 36

倒立像〔inverted image〕…………………………………… 20
凸面鏡〔convex mirror〕…………………………………… 25
凸レンズ〔convex lens〕…………………………………… 17
トナー〔toner〕……………………………………………… 243
トリプレットレンズ〔triplet lens〕……………………… 210

【な】
内視鏡〔endoscope〕………………………………………… 216
波〔wave〕…………………………………………………… 51
軟性鏡〔flexible scope〕…………………………………… 216

【に】
ニアフィールド（近接場）光学〔near-field optics〕…… 291
逃げ水〔road mirage〕……………………………………… 117
二原子分子〔diatomic molecule〕………………………… 130
虹〔rainbow〕………………………………………………… 122
二重焦点レンズ〔bifocal lens〕…………………………… 167
2重ヘテロ構造〔double heterostructure〕……………… 270
2分視野〔bipartite field〕………………………………… 150
入射角〔angle of incidence〕……………………………… 6
入射面〔incident plane〕…………………………………… 6
ニュートン原器〔test plate glass〕……………………… 76
ニュートンリング〔Newton's ring〕……………………… 74

【ね】
熱放射〔thermal radiation〕……………………………… 254

【は】
ハーフミラー〔half mirror〕……………………………… 14
媒質〔media〕………………………………………………… 6
倍率〔magnification〕……………………………………… 31
白色LED〔white LED〕…………………………………… 277
白色光〔white light〕……………………………………… 16
薄明光線〔crepuscular rays〕………………………… 112, 126
波束〔wave packet〕………………………………………… 65
波長〔wavelength〕……………………………………… 56, 232
発光ダイオード〔light-emitting diode／LED〕………… 266
波面〔wavefront〕……………………………………… 60, 287

パルス発振〔pulsed oscillation〕……………………………………………… 264
パワー〔power〕………………………………………………………………… 104
パワー密度〔power density〕…………………………………………………… 264
反射〔reflection〕……………………………………………………………… 6, 97
反射角〔angle of reflection〕……………………………………………………… 6
反射屈折望遠鏡〔catadioptric telescope〕……………………………………… 173
反射の法則〔law of reflection〕…………………………………………………… 7
反射望遠鏡〔reflective telescope〕……………………………………………… 173
反転分布〔inverted population〕…………………………………………… 257, 270
半透鏡〔half mirror〕……………………………………………………………… 14
半導体レーザー〔semiconductor laser／laser diode：LDともいう〕……… 266
バンドギャップ〔bandgap〕…………………………………………………… 267
バンドギャップエネルギー〔bandgap energy〕……………………………… 267

【ひ】

ｐｎ接合〔pn junction〕………………………………………………………… 268
ＢＤ〔Blu-ray Disc〕……………………………………………………………… 232
ＰＤ〔photodiode／フォトダイオード〕……………………………………… 282
ｐ偏光〔p-polarized light〕……………………………………………………… 106
光共振器〔optical cavity／optical resonator〕………………………………… 273
光磁気ディスク〔magneto-optical disc〕……………………………………… 232
光通信〔optical communication〕……………………………………………… 279
光ディスク〔optical disc〕……………………………………………………… 231
光導波路〔optical waveguide〕………………………………………………… 272
光のビーム〔light beam〕……………………………………………………… 263
光ファイバー増幅器〔optical fiber amplifier〕………………………………… 279
光メモリー〔optical memory〕………………………………………………… 279
非球面樹脂レンズ〔plastic aspheric lens〕…………………………………… 232
非球面レンズ〔aspherical lens〕…………………………………………… 48, 212
非線形光学〔nonlinear optics〕………………………………………………… 292
左回り円偏光〔left-handed circular polarization／left-handed circularly polarized light〕… 110
ピックアップ〔optical pickup head〕…………………………………………… 232
ピット〔pit〕……………………………………………………………………… 232
ビデオスコープ〔video endoscope〕…………………………………………… 220
標準大気〔standard atmosphere〕……………………………………………… 133

標準レンズ〔standard lens〕……………………………………………… 205
ピント合わせ〔focusing〕………………………………………………… 37

【ふ】

ファイバースコープ〔fiber endoscope〕………………………………… 220
ファブリ－ペロー共振器〔Fabry-Pérot cavity／Fabry-Pérot resonator〕……… 80, 273
フィルム〔film〕…………………………………………………………… 200
フーリエ分光法〔Fourier spectroscopy〕………………………………… 77
フォトダイオード〔photodiode／PD〕…………………………………… 282
複式顕微鏡〔compound optical microscope〕…………………………… 186
副虹〔secondary rainbow〕……………………………………………… 122
フラウンホーファー回折〔Fraunhofer diffraction〕……………………… 85
プリズム〔prism〕………………………………………………………… 15
ブリュースター角〔Brewster's angle〕…………………………………… 108
ブルーレイディスク〔Blu-ray Disc〕……………………………………… 232
フルサイズ〔full-frame〕………………………………………………… 201
フレネル回折〔Fresnel diffraction〕……………………………………… 85
負レンズ〔negative lens〕………………………………………………… 25
分解能〔resolution〕………………………………………………… 175, 190
分光〔spectroscopy〕……………………………………………………… 16, 60
分光感度曲線〔spectral sensitivity function〕…………………………… 147
分散〔dispersion〕………………………………………………………… 48, 60
分布帰還レーザー〔distributed feedback laser／DFB レーザー〕……… 273
分布屈折率レンズ〔gradient-index lens〕…………………………… 28, 228
分布ブラッグ反射型レーザー〔distributed Bragg reflector laser／DBR レーザー〕……… 273

【へ】

平面波〔planar wave〕…………………………………………………… 60
ペッツバールレンズ〔Petzval lens〕……………………………………… 214
ヘテロ接合〔hetero junction〕…………………………………………… 274
変位電流〔Maxwell's displacement current〕…………………………… 55
偏角〔angle of deviation〕………………………………………………… 15
偏光〔polarization〕………………………………………………… 97, 139, 234
偏光子〔polarizer〕………………………………………………………… 101
偏光フィルター〔polarized filter〕………………………………………… 97

【ほ】

ポインティングベクトル〔pointing vector〕 290
放射光束〔radiant flux〕 289
放射測光学〔radiometry〕 289
房水〔aqueous humor〕 158
ホール〔hole／正孔〕 268
ポジトロン断層法〔positoron emission tomography／PET〕 294
ホモ接合〔homo junction〕 274
ポロプリズム式〔polo prism type〕 181

【ま】

マイケルソン干渉計〔Michelson's interferometer〕 76
マイケルソンの天体干渉計〔Michelson stellar interferometer〕 69
前側焦点〔front focus〕 24
マジックミラー〔one-way mirror〕 14
マッハツェンダー干渉計〔Mach-Zehnder interferometer〕 77

【み】

ミー散乱〔Mie scattering〕 131
見掛視界〔apparent field of view／見かけの視野角〕 177
右回り円偏光〔right-handed circular polarization／right-handed circularly polarized light〕 110
ミニディスク〔MiniDisc〕 232
ミラーレスカメラ〔mirrorless system camera〕 208

【む】

無効倍率〔empty magnification〕 189

【め】

明視の距離〔distance of distinct vision〕 38, 185
面倒れ補正光学系〔optical face tangle error correction for laser scanning system〕 243

【も】

網膜〔retina〕 143, 158
毛様体〔ciliary body〕 161
モード〔mode〕 260

【や】

ヤングの干渉実験〔Young's experiment on interference〕 66

【ゆ】
有機色素〔organic dye〕·· 234
誘電分極〔dielectric polarization〕···································· 128
誘導放出〔stimulated emission〕································· 252, 272
誘導放出係数〔coefficient of stimulated emission〕················· 253
誘導放出断面積
〔stimulated-emission cross section／cross-section of stimulated emission〕············· 258
油浸対物レンズ〔oil immersion objective〕························· 191

【よ】
横波〔transversal wave〕··· 53
4準位レーザー〔four-level laser〕··································· 261

【ら】
ライトガイドファイバー〔fiber optic light guide〕················· 222
乱視〔astigmatism〕·· 161
乱反射〔diffuse reflection〕··· 4

【り】
理想結像〔ideal imaging〕··· 43
利得定数〔gain constant〕·· 257
量子性〔quantum property〕······································· 292
リレーレンズ〔relay lens〕··· 227
臨界角〔critical angle〕··· 9

【る】
累進多焦点レンズ〔varifocal lens〕································ 167
ルーペ〔magnifying lens〕·· 38
ルーペ倍率〔power of magnifiers〕······························ 38, 187
ルビーレーザー〔ruby laser〕······································ 260

【れ】
レイリー散乱〔Rayleigh scattering〕······························· 130
レーウェンフックの顕微鏡〔Leeuwenhoek's microscope〕········· 197
レーザー
〔laser／light amplification by stimulated emission of radiation の頭文字〕······ 231, 250, 273
レーザー光〔laser light〕··· 263
レーザーダイオード〔laser diode／半導体レーザー〕·············· 270
レーザーディスク〔LaserDisc〕···································· 232

レーザープリンター〔laser printer〕……………………………………………… 243
レトロフォーカスレンズ〔retro-focus lens〕 ……………………………………… 208
レンズ〔lens〕 ………………………………………………………………………… 200

【ろ】

老眼^{ろうがん}〔presbyopia〕 ………………………………………………………………… 161
老眼鏡^{ろうがんきょう}〔reading glasses〕 ……………………………………………………… 167
老視^{ろうし}〔presbyopia〕 ………………………………………………………………… 161

ここから始める光学
光の教科書
定価（本体3,200円+税）

平成28年11月29日　第1版第1刷発行
令和3年9月16日　第2版第1刷発行

著　者　黒田和男、槌田博文、他
編　集　チームオプト編集委員会
発行所　㈱オプトロニクス社
〒162-0814
東京都新宿区新小川町5-5 サンケンビル1F
Tel.03-3269-3550　㈹ Fax.03-3269-2551
E-mail：editor@optronics.co.jp（編集）
booksale@optronics.co.jp（販売）
URL：www.optronics.co.jp
印刷所　大東印刷工業㈱

※万一，落丁・乱丁の際にはお取り替えいたします。　　Fr5sGenA
※無断転載を禁止します。
ISBN978-4-902312-54-6 C3055 ¥3200E